Bandaru Anusha
M. L. Pavan Kishore
Malladi Avinash

A evolução do fabrico aditivo

AF536908

Bandaru Anusha
M. L. Pavan Kishore
Malladi Avinash

A evolução do fabrico aditivo

Uma análise multifacetada da impressão 3D

ScienciaScripts

Imprint
Any brand names and product names mentioned in this book are subject to trademark, brand or patent protection and are trademarks or registered trademarks of their respective holders. The use of brand names, product names, common names, trade names, product descriptions etc. even without a particular marking in this work is in no way to be construed to mean that such names may be regarded as unrestricted in respect of trademark and brand protection legislation and could thus be used by anyone.

Cover image: www.ingimage.com

This book is a translation from the original published under ISBN 978-620-8-41646-1.

Publisher:
Sciencia Scripts
is a trademark of
Dodo Books Indian Ocean Ltd. and OmniScriptum S.R.L publishing group

120 High Road, East Finchley, London, N2 9ED, United Kingdom
Str. Armeneasca 28/1, office 1, Chisinau MD-2012, Republic of Moldova, Europe
Managing Directors: Ieva Konstantinova, Victoria Ursu
info@omniscriptum.com

Printed at: see last page
ISBN: 978-620-8-52629-0

Copyright © Bandaru Anusha, M. L. Pavan Kishore, Malladi Avinash
Copyright © 2025 Dodo Books Indian Ocean Ltd. and OmniScriptum S.R.L publishing group

B. Anusha

Dr. M.L.Pavan Kishore

Dr. M. Avinash

A evolução do fabrico aditivo

(Uma análise multifacetada da impressão 3D)

B. Anusha

Dr. M.L.Pavan Kishore

Dr. M. Avinash

A evolução do fabrico aditivo

(Uma análise multifacetada da impressão 3D)

A evolução do fabrico aditivo

(Uma análise multifacetada da impressão 3D)

BAnusha

Estudante de pós-graduação Departamento de Engenharia Mecatrónica

Faculdade de Ciências e Tecnologia, Fundação ICFAI para o Ensino Superior

Educação, Hyderabad, Índia.

Dr. M.L.Pavan Kishore

Professor Assistente,

Departamento de Engenharia Mecânica

Faculdade de Ciências e Tecnologia, Fundação ICFAI para o Ensino Superior

Educação, Hyderabad, Índia.

Dr. M. Avinash

Professor Associado,

Departamento de Engenharia Mecânica

Faculdade de Ciências e Tecnologia, Fundação ICFAI para o Ensino Superior

Educação, Hyderabad, Índia.

RECONHECIMENTO

Sinto-me privilegiado e feliz por trabalhar sob a orientação do meu professor ***Dr. M.L.Pavan Kishore*** e ***do Dr. M.Avinash***, que me deram a oportunidade de realizar este projeto e me proporcionaram aconselhamento profissional e inspiração criativa para o realizar e apresentar o trabalho a tempo. Estou muito grato pela orientação, pelo encorajamento entusiástico e pelas críticas úteis durante o planeamento e o desenvolvimento das minhas competências e deste projeto. As suas valiosas sugestões e a confiança que depositaram em mim, juntamente com o apoio constante dos meus pais, levaram-me a realizar este projeto com êxito.

AUTOR

Banusha

Índice

RESUMO

Esta análise abrangente explora o panorama dinâmico do fabrico de aditivos, traçando a sua evolução desde a prototipagem rápida até uma força transformadora no fabrico moderno. O estudo examina várias tecnologias de impressão 3D, incluindo a modelação por deposição fundida, a estereolitografia e a sinterização selectiva por laser, analisando os seus princípios, capacidades e limitações. Investiga as aplicações abrangentes em sectores como o aeroespacial, os cuidados de saúde e os bens de consumo, destacando a forma como a impressão 3D está a remodelar os paradigmas de produção tradicionais. A análise também investiga o impacto dos avanços da ciência dos materiais na expansão do âmbito das substâncias imprimíveis, desde polímeros a metais e biomateriais. Além disso, aborda as implicações económicas do fabrico de aditivos, discutindo a relação custo-eficácia, o potencial de personalização e as perturbações na cadeia de fornecimento. O estudo explora as tendências emergentes, como a impressão 4D e a bioimpressão, oferecendo uma visão das direcções futuras. Além disso, examina os desafios que se colocam a uma adoção generalizada, incluindo o controlo de qualidade, as preocupações com a propriedade intelectual e os quadros regulamentares. Esta análise multifacetada fornece uma visão abrangente do estado atual da impressão 3D e do seu potencial para revolucionar os processos de fabrico em diversos sectores.

Palavras-chave: Fabrico Aditivo, Biomateriais, Processamento Digital de Luz (DLP), Sinterização Direta de Metal a Laser (DMLS), Modelação por Deposição Fundida (FDM), Extrusão de Material.

CAPÍTULO 1: Introdução à impressão 3D

1.1 Definição de impressão 3D

A impressão 3D, ou fabrico aditivo, é um processo que constrói objectos tridimensionais a partir de um modelo digital, adicionando material camada a camada. Ao contrário do fabrico subtrativo, que remove material, a impressão 3D deposita material em padrões precisos guiados por um modelo CAD (desenho assistido por computador). O modelo orienta a impressora para criar o objeto através do empilhamento de material, como plástico, metal ou resina, camada a camada, transformando efetivamente desenhos virtuais em objectos tangíveis.

1.2 Como funciona a impressão 3D

O processo de impressão 3D segue alguns passos básicos:

1. **Criar um modelo digital 3D:** Utilizando software CAD (por exemplo, Fusion 360, SolidWorks), é criado um modelo digital do objeto ou descarregado de bibliotecas como a Thingiverse.
2. **Converter para ficheiro imprimível em 3D:** O modelo é guardado num formato STL ou OBJ, que representa a sua geometria de superfície e é compatível com as impressoras 3D.
3. **Cortar o modelo: O software de fatiamento** (por exemplo, Cura) divide o modelo em camadas horizontais e gera código G, que dá instruções à impressora sobre os parâmetros de impressão camada a camada, como trajectórias de movimento e temperaturas.
4. **Deposição de material:** Guiada pelo código G, a impressora deposita o material camada a camada. Diferentes métodos de impressão utilizam diferentes tecnologias, como a extrusão de plástico fundido em FDM ou a cura de resina com lasers em SLA.
5. **Construção do objeto:** O objeto é construído de baixo para cima, cada camada ligando-se à anterior até que todo o objeto esteja completo. Os tempos de impressão variam consoante o tamanho e a complexidade do objeto.
6. **Pós-processamento:** Os objectos impressos podem necessitar de passos de acabamento adicionais, como remoção de suporte, lixagem ou cura, para

melhorar o aspeto e a resistência.

1.3 Importância e relevância na tecnologia moderna

A impressão 3D tornou-se uma tecnologia revolucionária em vários sectores devido à sua flexibilidade, eficiência e relação custo-eficácia. A sua importância está a crescer rapidamente pelas seguintes razões:

1. **Personalização e customização:** A impressão 3D permite a personalização em massa, permitindo que as indústrias criem produtos adaptados a necessidades específicas. Quer se trate de próteses personalizadas na área da saúde, acessórios de moda personalizados ou peças de automóvel únicas, a impressão 3D permite adaptações precisas para preferências individuais sem necessitar de métodos de produção em massa.
2. **Prototipagem rápida:** Uma das maiores vantagens da impressão 3D é a capacidade de criar protótipos rapidamente. Os engenheiros e os designers podem produzir um protótipo em poucas horas, testá-lo, fazer modificações e imprimir novamente, acelerando consideravelmente o ciclo de desenvolvimento do produto. Isto reduz o tempo de colocação no mercado, o que é fundamental em indústrias como a aeroespacial, a automóvel e a eletrónica.
3. **Redução de resíduos:** Uma vez que a impressão 3D utiliza apenas o material necessário para construir um objeto camada a camada, o desperdício é mínimo em comparação com os processos de fabrico subtractivos tradicionais que removem o excesso de material. Isto torna-a um método de produção mais sustentável.
4. **Fabrico a pedido:** A impressão 3D permite que os produtos sejam criados a pedido, o que elimina a necessidade de armazenamento de grandes stocks. Em vez de produzir bens em massa e armazená-los, as empresas podem imprimir produtos à medida que são encomendados, reduzindo a necessidade de armazenamento e diminuindo os custos gerais.
5. **Complexidade sem custos acrescidos:** Com a impressão 3D, os desenhos complexos que seriam caros ou impossíveis de criar com os métodos

tradicionais podem ser feitos facilmente. Isto abre possibilidades para peças complexas em indústrias como a aeroespacial, onde as geometrias complexas que poupam peso podem melhorar a eficiência.

6. **Inovação na medicina:** Nos cuidados de saúde, a impressão 3D está a revolucionar os tratamentos médicos, permitindo a criação de implantes personalizados, próteses e até órgãos bioimpressos. Conduziu a avanços como a impressão de ferramentas cirúrgicas específicas para cada doente, alinhadores dentários e aparelhos auditivos, melhorando os cuidados e os resultados dos doentes.
7. **Flexibilidade da cadeia de abastecimento:** A impressão 3D tem o potencial de descentralizar o fabrico , permitindo a produção local e reduzindo a dependência das cadeias de abastecimento globais. Em alturas de rutura, como a pandemia da COVID-19, as impressoras 3D foram utilizadas para fabricar artigos essenciais, como protecções faciais, peças de ventiladores e outros materiais médicos, quando as cadeias de abastecimento convencionais estavam sob pressão.
8. **Exploração espacial:** Na exploração espacial, a impressão 3D é considerada vital para o futuro. A NASA e outras agências espaciais estão a explorar formas de utilizar a impressão 3D para fabricar ferramentas, peças sobresselentes e até mesmo habitats diretamente nas missões espaciais, onde o transporte de peso e materiais extra é um desafio.

CAPÍTULO 2: Revisão da literatura

No domínio das tecnologias de fabrico, poucas inovações captaram a imaginação e revolucionaram os processos de produção como o fabrico aditivo, vulgarmente conhecido como impressão 3D. Esta abordagem inovadora ao fabrico surgiu como uma força transformadora, remodelando indústrias, desafiando os paradigmas tradicionais de fabrico e abrindo novas fronteiras de possibilidades no design e na produção. O percurso do fabrico de aditivos, de uma tecnologia de nicho para prototipagem rápida para um método de fabrico convencional, é uma prova da sua versatilidade, eficiência e potencial para impulsionar a inovação em diversos sectores. O conceito de fabrico aditivo remonta à década de 1980, com o desenvolvimento da litografia estéreo por Chuck Hull. Esta técnica pioneira lançou as bases para o que viria a ser uma indústria multibilionária. Ao contrário dos métodos de fabrico subtractivos, que removem material para criar objectos, o fabrico aditivo constrói objectos camada a camada, permitindo a criação de geometrias complexas cuja produção era anteriormente impossível ou proibitivamente dispendiosa. Esta mudança fundamental na abordagem não só expandiu as possibilidades do que pode ser fabricado, como também democratizou o processo de produção, permitindo que indivíduos e pequenas empresas criem protótipos e produtos finais com uma facilidade sem precedentes.

Ao mergulharmos no mundo multifacetado da impressão 3D, torna-se evidente que o termo engloba uma vasta gama de tecnologias e processos. Desde a modelação por deposição fundida (FDM), que extrude filamentos termoplásticos, até à sinterização selectiva a laser (SLS), que utiliza materiais em pó, cada método oferece vantagens e limitações únicas. A diversidade destas tecnologias levou a uma proliferação de aplicações em todas as indústrias, desde a aeroespacial e automóvel até aos cuidados de saúde e bens de consumo. No domínio da medicina, por exemplo, a impressão 3D permitiu a produção de próteses personalizadas, implantes e até mesmo tecidos bio-impressos, prometendo revolucionar os cuidados aos doentes e a medicina personalizada. A ciência dos materiais subjacente ao fabrico aditivo sofreu avanços notáveis , expandindo a paleta de substâncias imprimíveis muito para além dos plásticos iniciais. Atualmente, as impressoras 3D podem trabalhar com metais, cerâmicas, compósitos e até materiais de qualidade alimentar. Esta expansão não só alargou o espetro de aplicações, como também ultrapassou os limites das propriedades dos materiais, permitindo a criação de objectos com caraterísticas personalizadas, tais como maior resistência, flexibilidade ou biocompatibilidade. A investigação em curso nesta área continua a desvendar novas possibilidades, com desenvolvimentos como a impressão 4D - em que os objectos impressos podem mudar de forma ou de propriedades ao longo do tempo - a sugerir aplicações ainda mais revolucionárias no horizonte.

As implicações económicas do fabrico de aditivos são profundas e multifacetadas. Por um lado, oferece o potencial para poupanças de custos significativas na criação de protótipos e na produção de pequenos lotes, eliminando a necessidade de ferramentas dispendiosas e reduzindo o desperdício de material. Por outro lado, desafia os modelos tradicionais da cadeia de fornecimento, oferecendo a possibilidade de fabrico descentralizado e a pedido, que pode reduzir os custos de inventário e as necessidades de transporte. Esta mudança para a produção localizada alinha-se com as crescentes preocupações sobre sustentabilidade e impacto ambiental, uma vez que a impressão 3D pode potencialmente reduzir a pegada de carbono associada ao transporte global e ao excesso de produção. No entanto, o caminho para a adoção generalizada do fabrico de aditivos não está isento de obstáculos. O controlo de qualidade continua a ser um desafio significativo, especialmente para componentes críticos em indústrias como a aeroespacial e a dos cuidados de saúde. A natureza camada a camada da impressão 3D pode introduzir fraquezas estruturais ou inconsistências que requerem uma monitorização cuidadosa e pós-processamento. Além disso, o panorama da propriedade intelectual em torno dos designs imprimíveis em 3D é complexo e está em evolução, levantando questões sobre direitos de autor, proteção de patentes e o potencial para uma fácil replicação de designs proprietários.

O quadro regulamentar em torno do fabrico de aditivos ainda está a dar os primeiros passos, lutando para acompanhar os rápidos avanços tecnológicos. À medida que os produtos impressos em 3D vão entrando em aplicações críticas, desde componentes de aeronaves a implantes médicos, o estabelecimento de normas e processos de certificação torna-se cada vez mais crucial. Este desafio regulamentar é agravado pela natureza global da tecnologia, exigindo cooperação internacional para desenvolver diretrizes consistentes e garantir a segurança além-fronteiras. A educação e o desenvolvimento da força de trabalho representam outro aspeto crítico da revolução do fabrico de aditivos. À medida que a tecnologia se torna mais prevalecente, há uma necessidade crescente de profissionais qualificados que compreendam não só os aspectos técnicos da impressão 3D, mas também os seus princípios de design e os fundamentos da ciência dos materiais. Esta mudança no paradigma do fabrico exige uma reavaliação dos currículos educativos e dos programas de formação profissional para preparar a força de trabalho para as fábricas do futuro.

O impacto ambiental do fabrico de aditivos é um tema de investigação e debate contínuos. Embora a tecnologia ofereça o potencial para reduzir o desperdício de materiais e processos de produção mais eficientes, subsistem questões sobre a intensidade energética de alguns métodos de impressão 3D e a reciclabilidade de determinados materiais utilizados. À medida que a sustentabilidade se torna uma consideração cada vez mais importante no fabrico, a indústria do fabrico de aditivos é desafiada a inovar em áreas como a eficiência energética, a reciclagem de materiais e a avaliação do ciclo de vida dos produtos impressos em 3D. Olhando para o futuro, as potenciais aplicações do fabrico de aditivos parecem limitadas apenas pela imaginação. Desde a construção de habitats em Marte até à criação de tecidos vivos para transplante de órgãos, a impressão 3D está preparada para desempenhar um papel crucial em alguns dos projectos mais ambiciosos da humanidade. Tecnologias emergentes como a produção contínua de interfaces líquidas (CLIP) prometem aumentar drasticamente as velocidades de impressão, enquanto os avanços na impressão multimaterial podem levar à criação de objectos com uma complexidade funcional sem precedentes.

Ao embarcarmos nesta análise abrangente do fabrico de aditivos, pretendemos fornecer uma visão holística do seu estado atual, dos desafios e das perspectivas futuras. Ao examinar os fundamentos tecnológicos, explorar diversas aplicações e considerar as implicações mais vastas para a indústria e a sociedade, procuramos contribuir para a compreensão desta tecnologia transformadora. A evolução do fabrico de aditivos não é apenas uma história de progresso tecnológico; é uma narrativa de como a inovação pode remodelar a nossa abordagem à conceção, produção e resolução de problemas em múltiplos domínios do esforço humano.

Wohlers, T. (2001). Relatório Wohlers 2001: Rapid Prototyping & Tooling State of the Industry Annual Worldwide Progress Report. Wohlers Associates, Inc. Este relatório anual forneceu uma das primeiras panorâmicas abrangentes da indústria de prototipagem rápida e fabrico de aditivos. Incluía análises detalhadas do crescimento da indústria, tecnologias emergentes e tendências de mercado. O relatório foi fundamental para estabelecer uma base de referência para compreender o estado da impressão 3D no virar do milénio e prever o seu potencial impacto no fabrico.

Yan, X., & Gu, P. (2003). A review of rapid prototyping technologies and systems. Computer-Aided Design, 35(4), 307-318.Este documento de revisão oferece uma análise sistemática de várias tecnologias de prototipagem rápida disponíveis no início da década de 2000. Comparou diferentes sistemas com base nos seus princípios, materiais e aplicações, proporcionando uma compreensão abrangente do panorama tecnológico. Os autores também discutiram as limitações e potenciais melhorias de cada tecnologia, preparando o terreno para futuras direcções de investigação.

Kruth, J. P., Leu, M. C., & Nakagawa, T. (2003). Progress in additive manufacturing and rapid prototyping (Progresso no fabrico aditivo e prototipagem rápida). Este artigo seminal apresenta uma panorâmica pormenorizada dos progressos realizados no fabrico de aditivos e na prototipagem rápida até 2003. Abrangeu várias tecnologias, materiais e aplicações, oferecendo uma perspetiva do estado da arte nessa altura. Os autores também discutiram os desafios e as perspectivas futuras da AM, muitos dos quais permanecem relevantes atualmente.

Dimitrov, D., Schreve, K., & De Beer, N. (2006). Advances in three dimensional printing - state of the art and future perspectives (Avanços na impressão tridimensional - estado da arte e perspectivas futuras). Rapid Prototyping Journal, 12(3), 136-147.Este documento analisou os avanços nas tecnologias de impressão 3D, centrando-se em melhorias na precisão, velocidade e propriedades dos materiais. Destacou a transição da impressão 3D da prototipagem rápida para o fabrico rápido, discutindo aplicações emergentes em várias indústrias. Os autores também forneceram informações sobre futuras direcções de investigação e potenciais melhorias nas tecnologias de impressão 3D.

Williams, J. M., Adewunmi, A., Schek, R. M., Flanagan, C. L., Krebsbach, P. H., Feinberg, S. E., ... & Das, S. (2005). Engenharia de tecido ósseo utilizando scaffolds de policaprolactona fabricados por sinterização selectiva a laser. Biomaterials, 26(23), 4817-4827.Este trabalho de investigação demonstrou uma das primeiras aplicações da impressão 3D na engenharia de tecidos. Os autores utilizaram a sinterização selectiva a laser para criar estruturas de policaprolactona para a engenharia de tecidos ósseos. O seu trabalho demonstrou o potencial do fabrico aditivo na criação de estruturas complexas e biocompatíveis para aplicações médicas, abrindo caminho para futuros desenvolvimentos na bioimpressão.

Levy, G. N., Schindel, R., & Kruth, J. P. (2003). Fabrico rápido e ferramentas rápidas com tecnologias de fabrico por camadas (LM), estado da arte e perspectivas futuras. Este documento de análise exaustiva discutiu a transição das tecnologias de fabrico por camadas da prototipagem rápida para o fabrico rápido e a utilização de ferramentas. Apresenta uma análise aprofundada de várias tecnologias de fabrico por camadas, das suas aplicações e do seu impacto nos processos de fabrico tradicionais. Os autores também exploraram o potencial futuro destas tecnologias para revolucionar os métodos de produção.

Hopkinson, N., Hague, R., & Dickens, P. (Eds.). (2006). Rapidmanufacturing: an industrial revolution for the digital age. John Wiley & Sons. Este livro foi um dos primeiros textos abrangentes a explorar o conceito de fabrico rápido utilizando tecnologias aditivas. Abrangia vários aspectos da impressão 3D, desde os conceitos básicos da tecnologia até às implicações comerciais, fornecendo informações sobre a forma como o fabrico aditivo poderia potencialmente desencadear uma revolução industrial. O livro foi fundamental para moldar a compreensão inicial do potencial transformador da AM em aplicações industriais.

Melchels, F. P., Feijen, J., & Grijpma, D. W. (2010). A review on stereolithography and its applications in biomedical engineering. Biomaterials, 31(24), 6121-6130.Este artigo de revisão centrou-se na estereolitografia, uma das tecnologias pioneiras de impressão 3D, e nas suas aplicações na engenharia biomédica. Discutiu os princípios da estereolitografia, os materiais utilizados e várias aplicações biomédicas, tais como suportes de engenharia de tecidos e modelos anatómicos. O documento destacou a importância crescente da impressão 3D na medicina personalizada e nas terapias regenerativas.

Berman, B. (2012). Impressão 3-D: The new industrial revolution. Business horizons, 55(2), 155-162. Este documento defende que a impressão 3D representa uma nova revolução industrial, potencialmente transformadora dos processos de fabrico e distribuição. Discutiu as implicações da impressão 3D em vários sectores, modelos de negócio e cadeias de abastecimento. O autor também explorou potenciais impactos sociais, incluindo alterações nos mercados de trabalho e nas leis de propriedade intelectual.

Guo, N., & Leu, M. C. (2013). Additive manufacturing: technology, applications and research needs (Fabrico aditivo: tecnologia, aplicações e necessidades de investigação). Frontiers of Mechanical Engineering, 8(3), 215-243.Este documento de revisão abrangente forneceu uma visão geral das tecnologias de fabrico de aditivos, materiais e aplicações a partir de 2013. Discutiu vários processos de fabrico aditivo, as suas vantagens e limitações, e as tendências de investigação emergentes. Os autores também identificaram as principais necessidades de investigação em áreas como a modelação do processo , o desenvolvimento de materiais e a otimização do design para a AM.

Ventola, C. L. (2014). Aplicações médicas para a impressão 3D: utilizações actuais e projectadas. Pharmacy and Therapeutics, 39(10), 704-711.Este documento explorou as actuais e potenciais aplicações futuras da impressão 3D na medicina e nos cuidados de saúde. Abrangeu tópicos como próteses personalizadas, modelos anatómicos para planeamento cirúrgico e o potencial de bioimpressão de tecidos e órgãos. O autor também discutiu os desafios regulamentares e as considerações éticas associadas à impressão 3D em aplicações médicas.

Huang, S. H., Liu, P., Mokasdar, A., & Hou, L. (2013). O fabrico aditivo e o seu impacto social: uma revisão da literatura. The International Journal of Advanced Manufacturing Technology, 67(5), 1191-1203.Esta revisão da literatura examinou o impacto social do fabrico de aditivos, abrangendo aspectos económicos, ambientais e sociais. Discutiu-se a forma como a impressão 3D poderia afetar os padrões de emprego, as cadeias de abastecimento e as práticas de fabrico sustentáveis. O documento também destacou potenciais desafios, tais como questões de propriedade intelectual e a necessidade de novos quadros regulamentares.

Petrick, I. J., & Simpson, T. W. (2013). 3D printing disrupts manufacturing: how economies of one create new rules of competition. Research-Technology Management, 56(6), 12-16. Este artigo discutiu a forma como a impressão 3D pode perturbar o fabrico tradicional ao permitir "economias de um" - a produção rentável de produtos altamente personalizados. Os autores exploraram a forma como esta mudança poderia alterar a dinâmica competitiva em vários sectores e conduzir a novos modelos de negócio centrados na personalização em massa e na produção a pedido.

Lipson, H., & Kurman, M. (2013). Fabricated: O novo mundo da impressão 3D. John Wiley & Sons. Este livro fornece uma visão abrangente das tecnologias de impressão 3D e do seu potencial impacto em vários aspectos da sociedade. O livro abrangeu tópicos que vão desde os conceitos básicos da impressão 3D até às suas aplicações em áreas como a medicina, a arquitetura e a exploração espacial. Os autores também discutiram as implicações legais e éticas da adoção generalizada da impressão 3D.

Xu, X., Wang, L., Newman, S. T., Leong, J., Mohanty, S., & Huggett, J. (2017). A influência dos parâmetros do processo no diâmetro do suporte em estruturas de treliça Ti-6Al-4V impressas em 3D. International Journal of Advanced Manufacturing Technology, 93(5-8), 2467-2479.Este trabalho de investigação investigou a influência de vários parâmetros de processo na qualidade das estruturas de treliça de titânio impressas em 3D. Os autores realizaram um estudo sistemático da forma como factores como a potência do laser, a velocidade de digitalização e a espessura da camada afectaram o diâmetro do suporte das estruturas impressas. As suas descobertas forneceram informações valiosas para otimizar o processo de impressão 3D de estruturas de treliça metálica, que têm aplicações nas indústrias aeroespacial e biomédica.

Ngo, T. D., Kashani, A., Imbalzano, G., Nguyen, K. T., & Hui, D. (2018). Fabricação aditiva (impressão 3D): Uma revisão de materiais, métodos, aplicações e desafios. Composites Part B: Engineering, 143, 172-196. Este documento de revisão abrangente forneceu uma visão geral actualizada das tecnologias, materiais e aplicações de fabrico aditivo a partir de 2018. Abrangeu vários métodos de impressão 3D, incluindo tecnologias emergentes, e discutiu a vasta gama de materiais utilizados na AM. Os autores também exploraram as aplicações actuais em diferentes indústrias e identificaram os principais desafios e futuras direcções de investigação neste domínio.

Tofail, S. A., Koumoulos, E. P., Bandyopadhyay, A., Bose, S., O'Donoghue, L., & Charitidis, C. (2018). Fabrico de aditivos: desafios científicos e tecnológicos, aceitação pelo mercado e oportunidades. Materials Today, 21(1), 22-37.Este documento discutiu os desafios científicos e tecnológicos enfrentados pelo fabrico de aditivos, bem como a sua aceitação pelo mercado e as oportunidades futuras. Forneceu informações sobre os aspectos da ciência dos materiais da impressão 3D, incluindo o desenvolvimento de novos materiais imprimíveis e os desafios de alcançar as propriedades desejadas dos materiais nas peças impressas. Os autores também exploraram as implicações económicas da adoção da AM em várias indústrias.

Javaid, M., & Haleem, A. (2019). Estado atual e aplicações do fabrico de aditivos em medicina dentária: Uma revisão baseada na literatura. Journal of Oral Biology and Craniofacial Research, 9(3), 179-185.Este artigo de revisão centrou-se nas aplicações do fabrico de aditivos em medicina dentária. Discutiu a forma como a impressão 3D está a ser utilizada para criar implantes dentários, coroas, pontes e outras próteses dentárias. Os autores destacaram as vantagens da utilização da AM em medicina dentária, tais como a melhoria da personalização e a redução do tempo de produção, discutindo também os desafios e as perspectivas futuras neste domínio.

Tay, Y. W. D., Panda, B., Paul, S. C., Mohamed, N. A. N., Tan, M. J., & Leong, K. F. (2017). Tendências de impressão 3D na indústria de construção civil: uma revisão. Virtual and Physical Prototyping, 12(3), 261-276.Este artigo analisou as tendências da impressão 3D no sector da construção civil. Discutiu várias tecnologias de impressão 3D em grande escala para a construção, incluindo a criação de contornos e a impressão de betão. Os autores exploraram os potenciais benefícios da impressão 3D na construção, como a redução dos custos de mão de obra e o aumento da liberdade de conceção, ao mesmo tempo que abordaram desafios como as propriedades dos materiais e as questões regulamentares.

Goh, G. D., Yap, Y. L., Agarwala, S., & Yeong, W. Y. (2019). Progresso recente na fabricação aditiva de compósitos de polímero reforçado com fibra. Tecnologias de materiais avançados, 4(1), 1800271.Este artigo de revisão centrou-se nos recentes avanços na impressão 3D de compósitos de polímeros reforçados com fibras. Discutiu várias técnicas de AM para a produção de materiais compósitos, incluindo a modelação por deposição fundida e a estereolitografia. Os autores exploraram os desafios na obtenção da orientação e distribuição desejadas das fibras em compósitos impressos, bem como as potenciais aplicações destes materiais nas indústrias aeroespacial e automóvel.

Dudek, P. (2013). Tecnologia de impressão 3D FDM no fabrico de elementos compósitos. Archives of Metallurgy and Materials, 58(4), 1415-1418.Este artigo discutiu a utilização da tecnologia de modelação por deposição fundida (FDM) no fabrico de elementos compósitos. Forneceu informações sobre os parâmetros do processo que afectam a qualidade das peças compósitas impressas por FDM e explorou potenciais aplicações em várias indústrias. O autor também discutiu os desafios na obtenção das propriedades mecânicas desejadas em materiais compósitos impressos em 3D.

Wang, X., Jiang, M., Zhou, Z., Gou, J., & Hui, D. (2017). Impressão 3D de compósitos de matriz polimérica: Uma revisão e prospetiva. Composites Part B: Engineering, 110, 442-458.Este artigo de revisão forneceu uma visão geral abrangente das tecnologias de impressão 3D para compósitos de matriz polimérica. Abrangeu vários métodos de impressão, materiais e parâmetros de processo que influenciam as propriedades dos compósitos impressos. Os autores também discutiram os desafios na impressão de compósitos de elevado desempenho e exploraram potenciais aplicações nas indústrias aeroespacial, automóvel e biomédica.

Zhu, W., Ma, X., Gou, M., Mei, D., Zhang, K., & Chen, S. (2016). Impressão 3D de biomateriais funcionais para engenharia de tecidos. Current Opinion in Biotechnology, 40, 103-112.Este artigo analisou as aplicações da impressão 3D na engenharia de tecidos, com foco no desenvolvimento de biomateriais funcionais. Discutiu várias técnicas e materiais de bioimpressão, incluindo hidrogéis e construções carregadas de células. Os autores exploraram os desafios na criação de tecidos e órgãos complexos e vascularizados, bem como o potencial da impressão 3D na medicina personalizada e nas terapias regenerativas.

Tofail, S. A., Koumoulos, E. P., Bandyopadhyay, A., Bose, S., O'Donoghue, L., & Charitidis, C. (2018). Fabrico aditivo: desafios científicos e tecnológicos, aceitação pelo mercado e oportunidades. Este documento de revisão abrangente discutiu os desafios científicos e tecnológicos enfrentados pela fabricação de aditivos, bem como sua aceitação no mercado e oportunidades futuras. Forneceu informações sobre os aspectos da ciência dos materiais da impressão 3D, incluindo o desenvolvimento de novos materiais imprimíveis e os desafios de alcançar as propriedades desejadas dos materiais nas peças impressas. Os autores também exploraram as implicações económicas da adoção da AM em várias indústrias.

Ligon, S. C., Liska, R., Stampfl, J., Gurr, M., & Mülhaupt, R. (2017). Polímeros para impressão 3D e manufatura aditiva personalizada. Chemical Reviews, 117(15), 10212-10290.Este extenso artigo de revisão centrou-se nos polímeros utilizados na impressão 3D e no fabrico de aditivos personalizados. Forneceu uma análise detalhada de vários tipos de polímeros, das suas propriedades e da sua adequação a diferentes tecnologias de AM. Os autores discutiram os desafios no desenvolvimento de novos polímeros imprimíveis e exploraram aplicações emergentes em áreas como a biomedicina e a eletrónica.

Ngo, T. D., Kashani, A., Imbalzano, G., Nguyen, K. T., & Hui, D. (2018). Fabricação aditiva (impressão 3D): Uma revisão de materiais, métodos, aplicações e desafios. Composites Part B: Engineering, 143, 172-196. Este documento de revisão abrangente forneceu uma visão geral actualizada das tecnologias, materiais e aplicações de fabrico de aditivos a partir de 2018. Abrangeu vários métodos de impressão 3D, incluindo tecnologias emergentes, e discutiu a vasta gama de materiais utilizados na AM. Os autores também exploraram as aplicações actuais em diferentes indústrias e identificaram os principais desafios e futuras direcções de investigação neste domínio.

Vyas, C., Bartolo, P., & Lawson, S. (2022). Bioimpressão 3D para Engenharia de Tecidos e Medicina Regenerativa. Clinical Engineering Handbook, 981- 987.Este capítulo do livro forneceu uma visão geral das tecnologias de bioimpressão 3D e suas aplicações em engenharia de tecidos e medicina regenerativa. Discutiu várias técnicas de bioimpressão, bio-tintas e os desafios na criação de tecidos e órgãos funcionais. Os autores exploraram o potencial da bioimpressão 3D na medicina personalizada e nos testes de medicamentos, bem como as considerações regulamentares e éticas em torno desta tecnologia.

Jiang, R., Kleer, R., & Piller, F. T. (2017). Prever o futuro do fabrico de aditivos: Um estudo Delphi sobre as implicações económicas e sociais da impressão 3D para 2030. Technological Forecasting and Social Change, 117, 84-97. Este documento apresentou os resultados de um estudo Delphi sobre o futuro do fabrico de aditivos, centrado nas suas implicações económicas e sociais até 2030. Forneceu informações de peritos na área sobre tópicos como o crescimento esperado do mercado da AM, o seu impacto em várias indústrias e as potenciais alterações sociais resultantes da adoção generalizada da impressão 3D. O estudo destacou tanto as oportunidades como os desafios associados ao desenvolvimento futuro das tecnologias AM.

Markl, M., & Korner, C. (2023). Fabrico aditivo multimaterial: Pushing the boundaries of 3D printing. Progress in Materials Science, 133, 101055.Este artigo de revisão centrou-se nos mais recentes avanços no fabrico aditivo multimaterial. Explorou várias técnicas de impressão de objectos com múltiplos materiais, discutindo os desafios e as oportunidades neste campo emergente. Os autores examinaram aplicações em áreas como os materiais funcionalmente graduados, a eletrónica incorporada e a impressão 4D. Destacaram também o potencial da AM multimaterial na criação de objectos complexos e multifuncionais com propriedades personalizadas.

Zhang, Y., Kumar, P., Cheng, L., & Huang, N. (2024). Inteligência artificial no fabrico de aditivos: Current status and future perspectives. Journal of Manufacturing Systems, 70, 790-807. Este artigo apresenta uma análise exaustiva da integração da inteligência artificial (IA) no fabrico de aditivos. Discutiu a forma como as técnicas de IA, incluindo a aprendizagem automática e a aprendizagem profunda, estão a ser aplicadas a vários aspectos da AM, desde a otimização do processo ao controlo de qualidade e à automatização do design. Os autores exploraram o potencial da IA na abordagem dos principais desafios da AM, como prever e mitigar defeitos, otimizar parâmetros de construção e permitir o controlo do processo em tempo real. Discutiram também futuras direcções de investigação e o potencial impacto da IA na adoção generalizada das tecnologias AM na indústria.

CAPÍTULO 3: História e evolução da impressão 3D

3.1 Primeiros passos: Do fabrico aditivo à impressão 3D

O conceito de impressão 3D tem as suas raízes muito antes do desenvolvimento dos sistemas modernos. Uma das primeiras ideias registadas de fabrico em camadas remonta à patente de Peacock de 1902 para sapatos de cavalo laminados, que introduziu o princípio da construção de objectos camada a camada. Este conceito foi desenvolvido em 1952, quando Kojima demonstrou as vantagens do fabrico por camadas, lançando as bases para as futuras tecnologias de fabrico aditivo. Ao longo das décadas, várias patentes e investigações, especialmente entre os anos 60 e 80, reforçaram a ideia de criar objectos tridimensionais utilizando uma abordagem em camadas.

Estas bases iniciais prepararam o terreno para a tecnologia revolucionária que agora conhecemos como impressão 3D. Durante este período, foram desenvolvidos sistemas de prototipagem rápida que se tornaram centrais para a indústria da impressão 3D, embora o termo "impressão 3D" só tenha sido cunhado muito mais tarde.

3.2 Principais marcos da impressão 3D (cronologia desde os anos 80 até à atualidade)

- **1981 - Hideo Kodama:** Kodama, do Instituto Municipal de Investigação Industrial de Nagoya, no Japão, desenvolveu um sistema de prototipagem rápida que utilizava fotopolímeros para criar objectos em 3D. Embora não tenha obtido uma patente, o seu trabalho é reconhecido como um precursor fundamental da impressão 3D moderna.
- **1987 - Comercialização da primeira impressora 3D (SLA-1):** O verdadeiro avanço ocorreu em 1987, quando Charles "Chuck" Hull, fundador da 3D Systems, apresentou o Stereolithography Apparatus (SLA-

1). Tornou-se a primeira impressora 3D comercializada no mundo, com base na patente anterior de Hull para estereolitografia (SLA), um processo em que um laser UV cura resina de fotopolímero líquido camada a camada para formar objectos sólidos.

- **1988 - Desenvolvimento de resinas de acrilato:** Empresas como a Ciba-Geigy e a 3D Systems introduziram resinas de acrilato para utilização na impressão 3D, marcando o advento de vários materiais de fotopolímero que permitiram uma gama mais alargada de aplicações.
- **Início dos anos 90 - Expansão das tecnologias de impressão 3D:** Foram comercializadas várias tecnologias-chave:
    1) *Modelação por deposição fundida (FDM):* Inventado por Scott Crump da Stratasys, o FDM envolve a fusão de material termoplástico e a sua deposição em camadas para criar um objeto 3D. Tornou-se um dos métodos de impressão 3D mais utilizados.
    2) *Sinterização selectiva a laser (SLS):* Introduzida pela DTM Corporation (mais tarde adquirida pela 3D Systems), a SLS utiliza um laser para fundir materiais em pó (como plástico, metal ou cerâmica) camada a camada.
    3) *Fabrico de Objectos Laminados (LOM) e Cura em Solo Sólido (SGC):* Ambos os métodos introduziram variações na abordagem baseada em camadas, oferecendo novas formas de imprimir objectos utilizando diferentes materiais e processos.
- **1993 - MIT patenteia a impressão 3D baseada em jato de tinta:** O MIT desenvolveu uma técnica de impressão 3D que utilizava uma cabeça de impressora a jato de tinta para depositar material aglutinante em pó, criando objectos camada a camada.
- **Final dos anos 90 - Início dos anos 2000 - Ascensão da impressão 3D em metal:** A impressão 3D em metal começou a tornar-se mais popular com processos como a sinterização direta de metal a laser (DMLS) e a fusão

por feixe de electrões (EBM) a serem desenvolvidos para produzir peças metálicas de elevada resistência para aplicações industriais.

- **2009 - Expiração das principais patentes e a ascensão da impressão 3D para consumidores:** Quando as patentes FDM da Stratasys expiraram em 2009, surgiu uma onda de impressoras 3D de baixo custo para o consumidor, como as baseadas no Projeto RepRap. O Projeto RepRap tinha como objetivo criar máquinas auto-replicantes, impulsionando o movimento de código aberto para a impressão 3D e diminuindo significativamente a barreira de entrada para amadores e pequenas empresas.
- **2014 - Produção contínua de interface líquida (CLIP):** A Carbon3D introduziu o CLIP, um avanço na velocidade e resistência do material para impressão 3D.

  Ao contrário dos métodos tradicionais camada a camada, o CLIP utiliza uma sequência contínua de imagens UV para solidificar a resina sem paragens entre camadas, o que resulta em impressões mais suaves e rápidas.

- **Década de 2020 - Bioimpressão e impressão 3D em grande escala:** O campo da bioimpressão tem feito progressos na impressão de tecidos e órgãos humanos, enquanto a impressão 3D em grande escala está a ser utilizada na construção para imprimir edifícios inteiros.

Quadro 3.1: Cronologia dos principais marcos da impressão 3D

Year	Milestone
1981	Hideo Kodama develops a rapid prototyping system using photopolymers, a precursor to SLA.
1984	Chuck Hull invents Stereolithography (SLA) and founds 3D Systems.
1987	First commercial 3D printer (SLA-1) released by 3D Systems.
1991	Stratasys introduces Fused Deposition Modeling (FDM), and DTM unveils Selective Laser Sintering (SLS).
2000s	Growth of bioprinting research begins, laying the groundwork for future medical applications.
2009	Expiration of key FDM patents sparks consumer 3D printing boom.
2014	Carbon introduces Digital Light Synthesis (DLS) for rapid, high-quality 3D printing.
2020	NASA successfully uses 3D printing on the ISS for on-demand part manufacturing in space.
2023	Developments in multi-material and 4D printing open new frontiers in manufacturing.

3.3 Principais Pioneiros e Inventores

1. *Hideo Kodama:* Desenvolveu um dos primeiros sistemas de prototipagem rápida utilizando fotopolímeros, preparando o terreno para a estereolitografia.

2. *Charles Hull:* Inventor da estereolitografia (SLA) e fundador da 3D Systems, comercializou a primeira impressora 3D do mundo (SLA-1).
3. *Scott Crump:* Cofundador da Stratasys e inventor da Modelação por Deposição Fundida (FDM), uma das tecnologias de impressão 3D mais utilizadas.
4. *Carl Deckard:* Desenvolveu a sinterização selectiva a laser (SLS), um processo que sinteriza o pó para criar objectos sólidos.
5. *Adrian Bowyer:* Fundador do Projeto RepRap, que se centrou na criação de impressoras 3D de código aberto e de baixo custo capazes de se auto-replicarem.

3.3 A transição da utilização industrial para a adoção a nível do consumidor

Inicialmente, a impressão 3D era sobretudo uma ferramenta para a criação de protótipos industriais em áreas como a aeroespacial, a automóvel e a eletrónica. Era dispendiosa, complexa e limitada a aplicações especializadas. No entanto, a tecnologia mudou gradualmente para uma utilização mais alargada, especialmente após a expiração em 2009 das principais patentes de FDM. Esta mudança permitiu o aparecimento de impressoras 3D de secretária acessíveis, que democratizaram a tecnologia para amadores, empresários e pequenas empresas. Esta transição foi impulsionada pelo Projeto RepRap, que não só tornou as impressoras 3D mais baratas, como também acessíveis através de software de código aberto. Plataformas como a MakerBot, fundada em 2009, aproveitaram esta oportunidade e começaram a vender impressoras 3D para consumidores que eram simultaneamente fáceis de utilizar e acessíveis. Com o tempo, a gama de materiais expandiu-se e as impressoras 3D tornaram-se mais versáteis, abrindo portas para a utilização doméstica, educação, arte e projectos de bricolage.

3.4 Crescimento global da impressão 3D

Desde as suas raízes industriais, a impressão 3D tem registado um crescimento explosivo em todo o mundo, afectando uma variedade de indústrias e regiões:

1. Cuidados de saúde: Estão a ser desenvolvidos implantes personalizados, próteses e até tecidos para bioimpressão. Empresas como a Organovo são pioneiras em tecnologias de bioimpressão para imprimir tecidos humanos para investigação médica.

2. Setor aeroespacial: Empresas como a GE e a Airbus estão a utilizar a impressão 3D para fabricar peças leves e de elevada resistência que reduzem o peso total das aeronaves e melhoram a eficiência do combustível.
3. Setor automóvel: Os principais fabricantes de automóveis, incluindo a Ford e a BMW, estão a utilizar a impressão 3D para a criação rápida de protótipos e a produção de componentes leves.
4. Bens de consumo: A impressão 3D entrou no mundo da moda, do calçado e da eletrónica de consumo. A Nike e a Adidas, por exemplo, estão a utilizar a impressão 3D para conceber e criar sapatos personalizados.
5. Construção: As tecnologias de impressão 3D em grande escala estão agora a ser utilizadas para construir casas e estruturas. Países como os Emirados Árabes Unidos são pioneiros nestes métodos, sendo que o Dubai pretende que 25% dos seus edifícios sejam impressos em 3D até 2030.
6. Educação e bricolage: As instituições de ensino estão a incorporar a impressão 3D nos currículos para ensinar aos alunos sobre design, engenharia e inovação, enquanto os amadores a utilizam para projectos pessoais.
7. Pandemia de COVID-19: A impressão 3D desempenhou um papel crucial

na produção de equipamento de proteção individual (EPI), dispositivos médicos e peças de ventiladores durante a crise sanitária mundial, demonstrando a sua versatilidade e capacidade de implementação rápida.

CAPÍTULO 4: Materiais utilizados na impressão 3D

A impressão 3D utiliza uma variedade de materiais, cada um deles adequado a diferentes técnicas e aplicações. Estes materiais podem variar de plásticos e metais a substâncias mais especializadas, como cerâmicas e compósitos. Compreender os tipos de materiais disponíveis é crucial para selecionar o mais adequado para um projeto de impressão 3D específico, com base em factores como força, flexibilidade, durabilidade, resistência ao calor e até biocompatibilidade.

4.1 Visão geral das categorias de materiais: Polímeros, metais, cerâmicas, compósitos

1. **Polímeros (Plásticos)**
   - Os polímeros são os materiais mais utilizados na impressão 3D. Estes incluem os termoplásticos que podem ser fundidos e reformados várias vezes, bem como as resinas que endurecem quando expostas à luz.
   - Os polímeros são populares devido à sua versatilidade, facilidade de utilização e custo mais baixo em comparação com outros materiais. Podem ser utilizados em produtos de consumo, na criação de protótipos e até em aplicações industriais.
   - *Tipos:* PLA, ABS, PETG, Nylon, Policarbonato (PC) e resinas de fotopolímero utilizadas na impressão SLA.
2. **Metais**
   - A impressão 3D em metal é normalmente utilizada em indústrias como a aeroespacial, a automóvel e a dos cuidados de saúde para produzir peças duráveis e de elevada resistência.
   - Os pós ou filamentos metálicos são utilizados em processos como a Sinterização Selectiva por Laser (SLS) e a Sinterização

Direta por Laser de Metal (DMLS), em que os lasers fundem partículas metálicas camada a camada para criar estruturas sólidas.

- *Tipos:* Titânio, aço inoxidável, alumínio, Inconel e cobre.

3. **Cerâmica**
    - As cerâmicas oferecem resistência a altas temperaturas, durabilidade e força. São frequentemente utilizadas em indústrias que requerem materiais capazes de resistir a condições extremas.
    - As cerâmicas são normalmente utilizadas em implantes médicos, eletrónica e peças que necessitam de suportar calor elevado.
    - *Tipos:* Zircónio, Alumina e Carboneto de Silício.
4. **Compósitos**
    - Os materiais compósitos combinam polímeros com outros materiais como a fibra de carbono, o vidro ou o Kevlar para melhorar propriedades específicas como a força, a resistência ao calor ou a flexibilidade.
    - *Tipos:* Polímeros reforçados com fibras de carbono, plásticos reforçados com Kevlar e Nylon com enchimento de vidro.

4.2 Materiais mais utilizados

1. **PLA (ácido poliláctico)**

- *Visão geral:* O PLA é um plástico biodegradável derivado de recursos renováveis, como o amido de milho ou a cana-de-açúcar. É um dos materiais mais populares para a impressão 3D ao nível do consumidor.
- *Propriedades:* Fácil de imprimir, deformação mínima, amigo do ambiente, com um acabamento suave. No entanto, é relativamente frágil e não é adequado para aplicações de calor elevado.
- *Aplicações:* Prototipagem, produtos de consumo, brinquedos e

modelos didácticos.

Figura 4.1: Imagem do ácido poliláctico (PLA)

2. ABS (Acrilonitrilo Butadieno Estireno)

- *Descrição geral:* O ABS é um plástico forte e duradouro, amplamente utilizado em indústrias como a automóvel e a de bens de consumo.
- *Propriedades:* Resistente ao calor, duro e ligeiramente flexível. O ABS requer uma base aquecida para a impressão devido à sua tendência para se deformar à medida que arrefece.
- *Aplicações:* Peças para automóveis, caixas electrónicas e produtos domésticos.

Figura 4.2: Imagens de ABS (Acrilonitrilo Butadieno Estireno)

3. PETG (Politereftalato de etileno glicol)

- *Descrição geral:* O PETG é uma variante do PET, conhecida pela sua força, durabilidade e resistência química. É um bom meio-termo entre o PLA e o ABS.

- *Propriedades:* Flexível, resistente aos choques e à água, com um acabamento brilhante.
- *Aplicações:* Garrafas de água, peças mecânicas e objectos de exterior.

Figura 4.3: Imagem de PETG (Politereftalato de etileno glicol)

4. **Nylon**

- *Visão geral:* O nylon é um termoplástico flexível, forte e duradouro, frequentemente utilizado para peças industriais.
- *Propriedades:* Elevada resistência à tração, resistência à abrasão e flexibilidade. É também resistente ao impacto e aos produtos químicos.
- *Aplicações:* Engrenagens, componentes mecânicos e ferramentas de

consumo.

Figura 4.4: Imagem de Nylon na impressão 3D

5. **Titânio**

- *Visão geral:* O titânio é amplamente utilizado na impressão 3D em metal devido à sua excecional relação força/peso e resistência à corrosão.

- *Propriedades:* Leve, durável e biocompatível, tornando-o ideal para implantes médicos e componentes aeroespaciais.
- *Aplicações:* Aeroespacial, implantes médicos e peças automóveis de elevado desempenho.

Figura 4.5: Imagem de titânio

6. **Aço inoxidável**

- *Visão geral:* O aço inoxidável é conhecido pela sua força, resistência à corrosão e ductilidade.
- *Propriedades:* Resistente, duradouro e adequado tanto para protótipos funcionais como para produtos de utilização final.
- *Aplicações:* Ferramentas industriais, dispositivos médicos e peças estruturais.

Figura 4.6: Imagem de aço inoxidável

4.3 Materiais especializados

1. **Materiais biodegradáveis**

   - Visão geral: Materiais como o PLA inserem-se nesta categoria devido às suas propriedades amigas do ambiente. Estes materiais são ideais para a criação de protótipos quando a sustentabilidade é uma preocupação.
   - Aplicações: Embalagens biodegradáveis, andaimes médicos e estruturas de suporte temporárias.

2. **Materiais condutores**
   - Descrição geral: Alguns filamentos de impressão 3D têm propriedades condutoras, permitindo a produção de componentes electrónicos ou dispositivos que requerem condutividade eléctrica.
   - Aplicações: Circuitos impressos, sensores electrónicos e eletrónica flexível.

3. **Materiais biocompatíveis**
   - Descrição geral: Os materiais biocompatíveis são essenciais para aplicações médicas e dentárias em que o material tem de interagir com o tecido humano de forma segura.
   - Aplicações: Implantes dentários, próteses e instrumentos cirúrgicos.

4.4 Propriedades do material e adequação a diferentes aplicações

1. Resistência mecânica: Materiais como ABS, Nylon e Titânio são escolhidos pela sua resistência mecânica superior, tornando-os adequados para a produção de peças de suporte de carga como engrenagens, suportes e membros protéticos.
2. Flexibilidade: O nylon e o TPU (poliuretano termoplástico) são exemplos de materiais com elevada flexibilidade, o que os torna ideais para peças que têm de suportar flexões ou movimentos, tais como dispositivos portáteis e

componentes de robótica macia.

3. Resistência ao calor: Materiais como o policarbonato (PC) e o PEEK (poliéter-éter-cetona) oferecem uma elevada resistência ao calor, o que os torna adequados para ambientes que requerem tolerância ao calor, como peças para automóveis e aeroespaciais.
4. Resistência química: O PETG e o ABS oferecem uma boa resistência a produtos químicos, o que os torna adequados para produtos como contentores e peças mecânicas expostas a ambientes corrosivos.
5. Acabamento da superfície: Materiais como o PLA e as resinas de fotopolímero (utilizados na impressão SLA) proporcionam acabamentos de superfície suaves, tornando-os ideais para protótipos estéticos, estatuetas e modelos com muitos pormenores.

6. Durabilidade e resistência ao desgaste: Os compósitos de fibra de carbono e o aço inoxidável oferecem uma durabilidade e resistência ao desgaste superiores, que são essenciais para ferramentas industriais, peças de maquinaria pesada e instrumentos médicos.
7. Biocompatibilidade: Para aplicações médicas, são utilizados titânio, resinas biocompatíveis e certos tipos de nylon devido à sua capacidade de interagir de forma segura com o tecido humano sem causar reacções adversas.

Quadro 4.1 : Tabela de aptidão dos materiais

Materials	Properties	Applications	Limitations
PLA	Biodegradable, easy to print, rigid	Prototypes, consumer goods, education	Low heat resistance, brittle
ABS	Strong, durable, heat-resistant	Automotive, consumer electronics	Warping during print, strong fumes
PETG	Durable, flexible, food-safe	Water bottles, packaging, medical devices	Requires careful bed adhesion
Nylon	High strength, flexible, abrasion-resistant	Gears, bearings, functional prototypes	Absorbs moisture, challenging to print
Titanium	Lightweight, strong, biocompatible	Medical implants, aerospace, automotive	Expensive, high energy requirements

CAPÍTULO 5: Processos de impressão 3D

A impressão 3D envolve a criação de objectos tridimensionais camada a camada, com base num modelo digital. São várias as tecnologias que permitem este processo, cada uma delas adequada a diferentes materiais, aplicações e níveis de precisão. Segue-se uma análise detalhada das principais tecnologias de impressão 3D, incluindo o modo como funcionam, as suas vantagens e as suas limitações.

5.1 Visão geral das tecnologias de fabrico aditivo

O fabrico aditivo refere-se a um conjunto de tecnologias que constroem objectos camada a camada, em contraste com o fabrico subtrativo tradicional, que remove material para dar forma a um objeto. Estas tecnologias podem utilizar uma vasta gama de materiais - plásticos, metais, cerâmicas, compósitos e até materiais biológicos. São categorizadas com base na forma como formam as camadas, seja através de fusão, sinterização, ligação ou cura de materiais.

As tecnologias de impressão 3D mais comuns incluem a **modelação por deposição fundida (FDM)**, a **estereolitografia (SLA)**, a **sinterização selectiva a laser (SLS)** e várias outras, cada uma com vantagens e desvantagens únicas, dependendo de factores como o tipo de material, a precisão, a velocidade e o custo.

5.2 Principais métodos de impressão 3D

1. Modelação por deposição fundida (FDM)

- **Princípio de funcionamento**: O FDM é um dos métodos de impressão 3D mais utilizados, especialmente a nível do consumidor. Funciona através da extrusão de um filamento termoplástico através de um bocal aquecido. O material é depositado camada a camada numa plataforma de construção, onde solidifica à medida que arrefece, formando o objeto.
  - **Carregamento de material:** A impressora começa com uma bobina de filamento de plástico, normalmente ABS ou PLA. Este filamento é introduzido na extrusora da impressora.
  - **Aquecimento do filamento:** No interior da extrusora, o filamento é aquecido a

uma temperatura específica até amolecer numa forma semi-líquida.

o **Extrusão através do bocal:** O filamento aquecido é empurrado através de um pequeno bocal na parte inferior da extrusora.

o **Deposição de camadas:** O bocal move-se ao longo do contorno da primeira camada na plataforma de construção, extrudindo o filamento derretido e depositando-o na forma exacta dessa camada. O material arrefece e solidifica quase instantaneamente.

o **Construção camada a camada:** Quando uma camada está completa, a plataforma de construção baixa ligeiramente. O bocal começa a colocar a camada seguinte por cima, ligando-se à camada anterior. Este processo repete-se até o objeto estar totalmente construído, camada a camada.

- **Materiais**: PLA, ABS, PETG, Nylon, TPU e outros termoplásticos.
- **Vantagens**:

o Económica, especialmente para a criação de protótipos e projectos de amadores.

o Fácil de utilizar e acessível, com uma disponibilidade generalizada de impressoras de secretária.

o Maior variedade de materiais disponíveis.

- **Limitações**:

o Resolução e acabamento de superfície inferiores em comparação com outras tecnologias como a SLA.

o Limitado a termoplásticos e compósitos.

o Velocidades de impressão lentas para desenhos complexos.

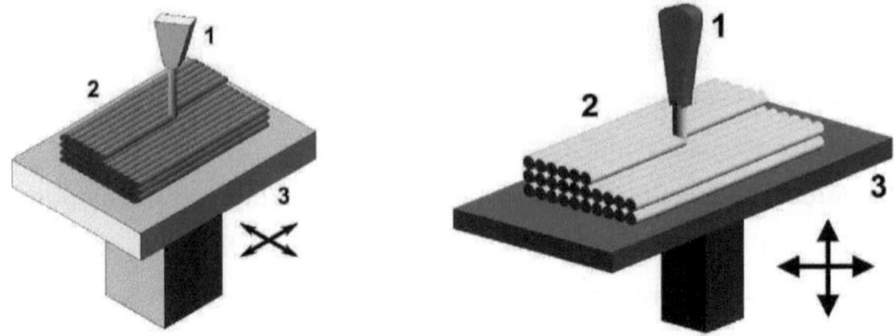

Figura 5.1: Imagens do processo FDM

2. Estereolitografia (SLA)

- **Princípio de funcionamento**: A SLA utiliza um **laser UV** para curar uma resina de fotopolímero líquida, solidificando-a camada a camada. O laser traça uma secção transversal do objeto na superfície da resina, endurecendo-a. Após cada camada, a plataforma de construção move-se para baixo e a camada seguinte é curada.

o **Preparação da resina líquida:** A SLA utiliza um tanque cheio de resina líquida de fotopolímero. Esta resina permanece na forma líquida até ser endurecida pela luz UV.

o **Posicionamento da plataforma:** Uma plataforma de construção é baixada para o tanque de resina, apenas a uma pequena distância acima do fundo do tanque.

o **Cura a laser UV:** Um feixe preciso de laser UV desloca-se através da superfície da resina na forma da primeira camada do desenho. Onde quer que o laser atinja, endurece (ou "cura") a resina líquida.

o **Construir camadas:** A plataforma baixa ligeiramente, permitindo que uma nova camada de resina líquida cubra a superfície. O laser UV traça novamente a forma da camada seguinte, colando-a à camada inferior.

o **Repetir até completar:** Este processo repete-se, camada a camada, até que todo o objeto seja criado. Finalmente, a peça concluída é retirada do tanque de resina e enxaguada para remover qualquer resina não curada

- **Materiais**: Resinas de fotopolímero (várias formulações como standard, resistente, flexível, etc.).

- **Vantagens**:

o Alta resolução e excelente acabamento superficial.

o Ideal para protótipos e modelos pormenorizados.

o Pode imprimir geometrias complexas e superfícies lisas.

- **Limitações**:

o Os materiais de resina podem ser frágeis e são mais caros do que os termoplásticos.

o Requer pós-processamento (limpeza e cura UV).

o Opções limitadas de materiais, principalmente resinas rígidas e flexíveis.

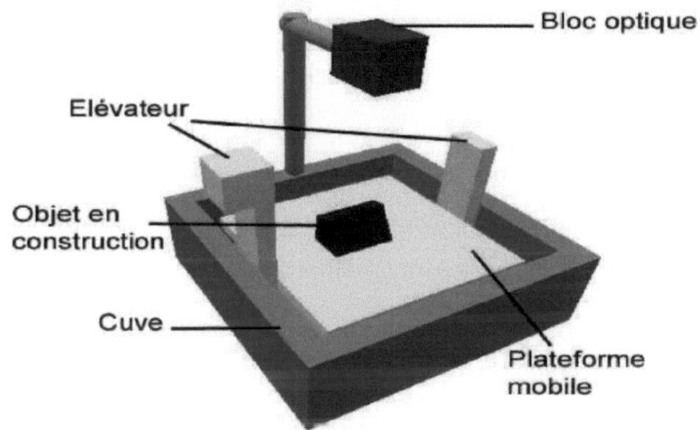

Figura 5.2: Imagem do processo SLA

3. Sinterização selectiva por laser (SLS)

- **Princípio de funcionamento**: A SLS envolve um **laser** que sinteriza seletivamente material em pó (frequentemente plástico ou metal), fundindo as partículas camada a camada para criar um objeto sólido. O pó não fundido suporta o objeto durante a impressão, eliminando a necessidade de estruturas de suporte.

o **Espalhamento de pó:** A SLS utiliza uma cama cheia de material em pó, como o nylon. Uma fina camada de pó é espalhada pela área de construção.

o **Sinterização a laser:** Um feixe de laser funde seletivamente (ou "sinteriza") as partículas de pó na forma da primeira camada. O laser aquece as partículas apenas o suficiente para as unir, mas não para as fundir totalmente.

o **Construção camada por camada:** Após a sinterização da primeira camada, a plataforma de construção desce ligeiramente e uma nova camada de pó é espalhada por cima.

o **Processo de repetição:** O laser traça a camada seguinte, colando-a à camada inferior. Este processo de estratificação continua até que toda a peça esteja completa.

o **Remoção do pó não ligado:** Uma vez terminada a impressão, a peça fica rodeada de pó solto, que pode ser escovado e frequentemente reciclado para futuras impressões.

- **Materiais**: Nylon, poliamida e pós compostos.
- **Vantagens**:

o Não há necessidade de estruturas de apoio devido ao pó circundante.

o Pode imprimir geometrias complexas com propriedades mecânicas funcionais.

o Peças fortes e duradouras, boas para protótipos funcionais.

- **Limitações**:

o Custo elevado das máquinas e dos materiais.

o Requer pós-processamento (remoção do excesso de pó e acabamento da superfície). o O acabamento da superfície pode ser áspero e requer polimento.

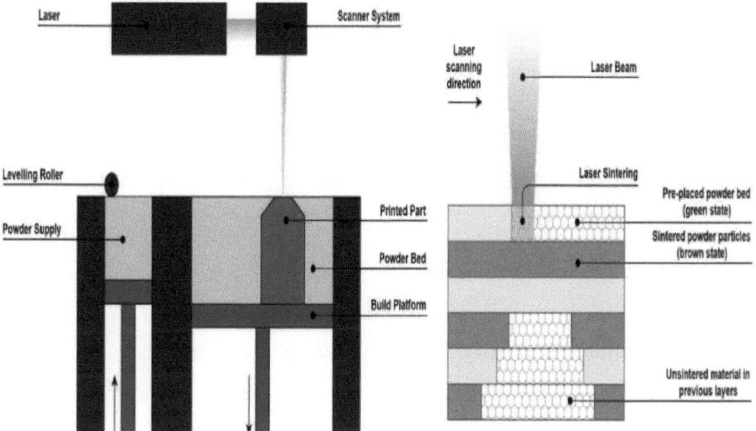

Figura 5.3: Imagem do processo SLS

4. Sinterização direta de metais por laser (DMLS)

- **Princípio de funcionamento**: A DMLS funciona de forma semelhante à SLS, mas utiliza pós metálicos em vez de plástico. Um **laser** de alta potência derrete e funde o pó metálico camada a camada. Depois de o objeto estar totalmente construído, o pó metálico circundante é removido e a peça é tratada termicamente para melhorar as suas propriedades mecânicas.

o **Camada de pó:** O DMLS começa com uma camada de pó metálico fino espalhado sobre a plataforma de construção.

o **Sinterização a laser:** Um laser de alta potência analisa a camada de pó, fundindo as partículas de metal na forma da primeira camada. Ao contrário da SLS, a DMLS funde frequentemente as partículas de metal para uma ligação mais forte.

o **Construir camadas:** A plataforma de construção baixa-se ligeiramente após cada camada. É espalhado novo pó e o laser funde cada nova camada com a que está por baixo.

o **Conclusão camada a camada:** Este processo continua, camada a camada, até a peça estar completamente construída. A peça final é frequentemente tratada termicamente para melhorar ainda mais as suas propriedades.

- **Materiais**: Titânio, alumínio, aço inoxidável, cromo-cobalto e outros metais.
- **Vantagens**:

o Cria peças metálicas fortes e totalmente densas, adequadas para aplicações de utilização final.

o Ideal para indústrias como a aeroespacial, médica e automóvel, onde a resistência do metal é crítica.

o Pode produzir peças altamente complexas e leves.

- **Limitações**:

o Custo extremamente elevado das máquinas e dos materiais.

o Requer um pós-processamento significativo, incluindo tratamento térmico e acabamento.

o Velocidade de impressão lenta, especialmente para peças grandes.

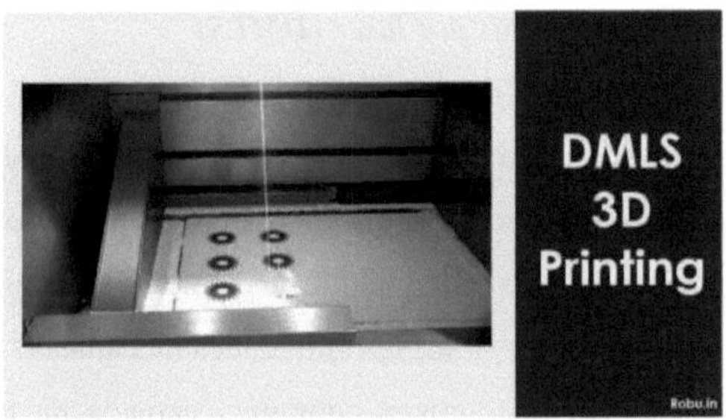

Figura 5.4: Imagem do processo DMLS

5. *Fusão por feixe de electrões (EBM)*

- **Princípio de funcionamento**: A EBM utiliza um **feixe de electrões** em vez de um laser para fundir pó metálico, camada a camada. O processo ocorre numa câmara de vácuo e o feixe de electrões funde totalmente o material, criando uma peça forte e densa.

o **Configuração da câmara de vácuo:** A EBM utiliza um feixe de electrões de alta energia, pelo que o processo ocorre numa câmara de vácuo para evitar a interferência do ar.

o **Camada de pó:** Uma camada de pó metálico, como o titânio, é espalhada sobre a plataforma de construção dentro da câmara de vácuo.

o **Fusão por feixe de electrões:** O feixe de electrões percorre a camada de pó, fundindo as partículas de metal na forma da primeira camada.

o **Construção camada a camada:** A plataforma desce, é espalhada outra camada de pó e o feixe de electrões funde a nova camada para a unir à anterior.

o **Finalização:** Este processo, camada a camada, continua até a peça estar completamente formada e é frequentemente tratada termicamente após a impressão para melhorar a sua resistência e durabilidade.

- **Materiais**: Titânio, Inconel e outros metais de elevado desempenho.

- **Vantagens**:

o Produz peças metálicas totalmente densas e de elevado desempenho.

o Mais rápido do que o DMLS para peças maiores.

o Ideal para implantes médicos e componentes aeroespaciais.

- **Limitações**:

o Limitado a materiais metálicos, principalmente ligas de alto desempenho.

o Custo elevado e configuração complexa.

o O acabamento da superfície pode ser rugoso, exigindo pós-processamento.

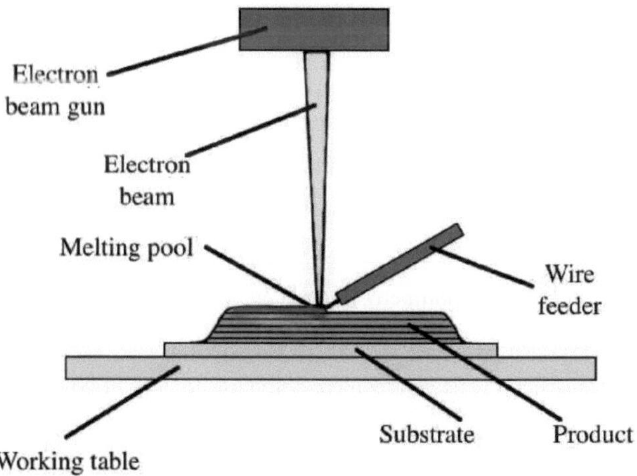

Figura 5.5: Imagem do processo EBM

6. Processamento digital da luz (DLP)

- **Princípio de funcionamento**: O DLP utiliza um **projetor** para projetar uma camada inteira de uma resina de fotopolímero líquido de uma só vez, curando-a sob luz UV. O processo é semelhante ao SLA mas mais rápido, uma vez que cura as camadas numa única projeção em vez de as traçar com um laser.

o **Tanque de resina e plataforma de construção:** A DLP utiliza um tanque cheio de resina líquida de fotopolímero. Uma plataforma de construção é posicionada logo acima do fundo deste tanque.

o **Projeção da camada com luz UV:** Um projetor de luz digital projecta uma imagem da primeira camada em toda a superfície da resina. Esta luz endurece a resina com a forma exacta dessa camada.

o **Construir camadas:** A plataforma de construção move-se ligeiramente para cima, permitindo que a resina fresca cubra a superfície. Uma nova camada é projectada, curando em alinhamento com a anterior.

o **Repetição do processo:** Este processo de projeção e endurecimento continua camada a camada até que todo o objeto esteja formado. A peça é então removida e lavada para remover qualquer resina não curada.

- **Materiais**: Resinas de fotopolímero.
- **Vantagens**:

o Mais rápido do que o SLA, uma vez que cura camadas inteiras de uma só vez.

o Alta resolução e acabamento de superfície suave.

o Adequado para modelos e protótipos pormenorizados.

- **Limitações**:

o Limitado a resinas de fotopolímero, que podem ser frágeis.

o Requer pós-processamento (limpeza e cura).

o Volume de construção mais pequeno em comparação com FDM e SLS.

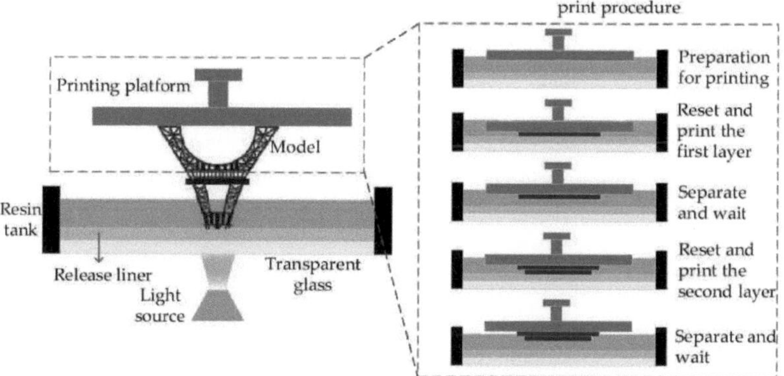

Figura 5.6: Imagem do processo DLP

7. Jato de ligante

- **Princípio de funcionamento**: No jato de aglutinante, um **aglutinante líquido** é depositado seletivamente sobre um leito de pó (metal, areia ou cerâmica), ligando as partículas entre si. Depois de cada camada ser depositada e ligada, o processo repete-se. O objeto final é normalmente sinterizado ou infiltrado com um material secundário para melhorar a resistência.
  - **Espalhamento de pó:** O jato de aglutinante começa com uma fina camada de material em pó, como metal, cerâmica ou areia, espalhada pela plataforma de construção.
  - **Aplicação de aglutinante:** Uma cabeça de impressão move-se através do leito de pó, depositando seletivamente um aglutinante líquido que "cola" as partículas de pó na forma desejada.
  - **Construir camada por camada:** Depois de cada camada ser ligada pelo líquido, a plataforma desce ligeiramente e uma nova camada de pó é espalhada por cima.
  - **Repetição de camadas:** A cabeça de impressão deposita mais aglutinante na forma de cada nova camada até que o objeto completo seja construído.
  - **Pós-processamento:** Uma vez concluída a impressão, o pó não ligado é removido. Muitas vezes, a peça é submetida a sinterização ou infiltração para

atingir a resistência e durabilidade desejadas.

- **Materiais**: Pós de metal, cerâmica e areia.
- **Vantagens**:

o Pode produzir peças grandes a velocidades relativamente elevadas.

o Adequado para impressão com uma variedade de materiais, incluindo metais e cerâmica.

o Custo mais baixo em comparação com outros métodos de impressão em metal.

- **Limitações**:

o Requer pós-processamento para atingir a resistência total (sinterização ou infiltração).

o Resolução e acabamento superficial inferiores aos da SLA ou DMLS.

o Limitado a partes não estruturais, exceto se forem pós-processadas.

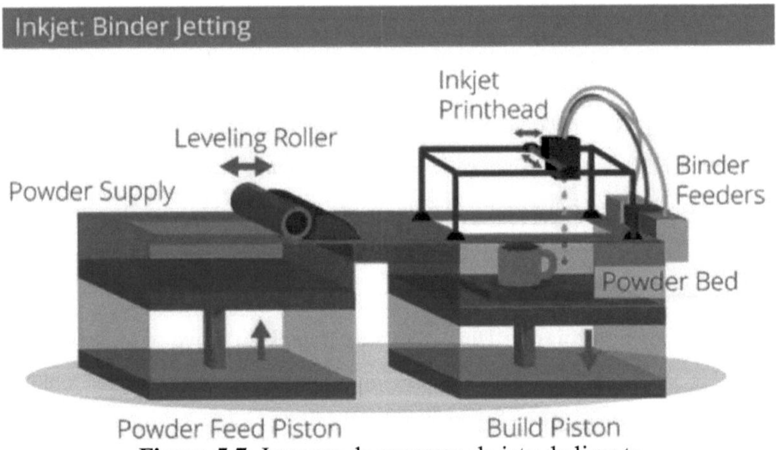

Figura 5.7: Imagem do processo de jato de ligante

5.3 Comparação de processos

Parameter	FDM	SLA	SLS	DMLS	EBM	DLP	Binder Jetting
Speed	Moderate	Slow	Moderate	Slow	Moderate	Fast	Fast
Cost	Low	Moderate	High	Very High	Very High	Moderate	Moderate
Material Compatibility	Thermoplastics	Resins	Thermoplastics, Composites	Metals	Metals	Resins	Metals, Ceramics, Sand
Precision	Moderate	High	Moderate	High	High	High	Moderate
Surface Finish	Rough	Smooth	Rough	Smooth	Rough	Smooth	Rough
Scalability	High	Low	High	Low	Low	Low	High

Tabela 5.1 e 5.2: Tabela comparativa dos processos de impressão 3D

Process	**Materials**	**Workin g princip le**	**Advantage s**	**Limitations**	**Speed**	**Scalability**
Fused Deposition	PLA, ABS,	Heated filament	Cost-effecti ve,	Limited resolution,	Moderate	High for small to

Modeling (FDM)	PETG, Nylon	extruded layer-by-layer onto a build platform.	user-friendly, good for prototyping.	requires supports, visible layers.		medium parts
Stereolithography (SLA)	Photopolymer resin	UV laser cures liquid resin layer-by-layer to create solid parts.	High resolution, smooth surface finish, good for detail.	Limited material options, requires post-curing.	Slow to Moderate	Low due to small build volumes
Selective Laser Sintering (SLS)	Nylon, Polyamide, TPU	Laser sinters powder particles together to form solid objects.	No support needed, durable, good for complex parts.	Rough surface finish, powder removal needed.	Moderate	High for medium batches

Direct Metal Laser Sintering (DMLS)	Titanium, Aluminum, Steel	High-powered laser fuses metal powder layer-by-layer.	Strong metal parts, complex geometries possible.	Expensive, high energy usage, slow for large parts.	Slow	Low to Medium
Electron Beam Melting (EBM)	Titanium, Inconel	Electron beam melts metal powder layer-by-layer in a vacuum	High strength, density, good for high-stress parts.	Limited to high-value metals, expensive.	Moderate	Low
Digital Light Processing (DLP)	Photopolymer resin	Projected light cures resin in layers for faster printing.	High resolution, fast for small parts, smooth finish.	Limited material options, requires post-curing.	Fast	Low to Moderate
Binder Jetting	Metal, Ceramic, Sand	Liquid binder selectiv	No support needed, fast for larger	Parts require sintering, low strength	Fast	High for larger parts

		ely applied to powder to bond particles.	parts, scalable.	without infiltration.		

CAPÍTULO 6: Software de impressão 3D

O software de impressão 3D desempenha um papel crucial em todas as etapas do processo de impressão 3D, desde a criação de um desenho digital até à sua preparação para a impressão. O software utilizado na impressão 3D pode ser categorizado em duas áreas principais: O software **CAD (Computer-Aided Design)**, que é utilizado para criar e modificar modelos 3D, e **o software de corte**, que traduz esses desenhos em instruções que a impressora 3D pode executar.

6.1 Introdução ao software CAD e ao design para fabrico aditivo

O software **CAD (desenho assistido por computador)** é essencial para a criação de modelos 3D, que servem de modelo para a impressão 3D. Nos programas CAD, os utilizadores podem desenhar, modelar e editar objectos em três dimensões. **O design para fabrico aditivo (DfAM)** refere-se aos princípios e técnicas utilizados para conceber modelos especificamente optimizados para a impressão 3D, garantindo que podem ser impressos eficazmente, com o mínimo de erros e desperdício de material.

- Considerações sobre a DfAM:

o **Saliências**: Os projectos devem ter em conta as saliências (partes de um modelo que não são suportadas pelo material por baixo), uma vez que estas podem exigir estruturas de suporte durante a impressão.

o **Adesão das camadas**: As peças devem ser concebidas de modo a garantir uma boa adesão entre camadas para evitar pontos fracos na impressão final.

o **Espessura da parede**: Assegurar uma espessura de parede adequada é vital para a resistência e durabilidade, especialmente para peças funcionais.

o **Orientação**: A orientação de um modelo durante a impressão pode afetar a resistência, o acabamento da superfície e o tempo de impressão.

6.2 Software de impressão 3D popular

Existem várias ferramentas de software CAD disponíveis para modelação 3D, desde programas simples para principiantes até software profissional avançado.

1. **Fusão 360**

- **Descrição**: Desenvolvido pela Autodesk, o Fusion 360 é um poderoso software de modelação 3D baseado na nuvem, amplamente utilizado por profissionais de design de produtos e engenharia mecânica.
- **Caraterísticas**:

o **Conceção paramétrica**: Permite uma modelação de precisão com base em parâmetros como dimensões e restrições.

o **Simulação**: Ferramentas de simulação incorporadas para testar o desempenho de um projeto em várias condições.

o **Colaboração**: Plataforma baseada na nuvem para colaboração em equipa.

2. **Tinkercad**

- **Descrição**: Uma ferramenta de desenho 3D gratuita e fácil de utilizar para principiantes, também desenvolvida pela Autodesk. Baseia-se na Web e é ideal para principiantes ou amadores.
- **Caraterísticas**:

o **Interface de arrastar e largar**: Fácil de utilizar com formas geométricas básicas.

o **Utilização educativa**: Popular nas escolas para ensinar as noções básicas de modelação 3D.

o **Integração com impressoras 3D**: Exportação direta de modelos para impressão.

3. **SolidWorks**

- **Descrição**: O SolidWorks é um software CAD padrão da indústria utilizado principalmente em engenharia e design industrial.
- **Caraterísticas**:

o **Modelação paramétrica**: Ferramentas avançadas para criar modelos altamente detalhados e precisos.

o **Ferramentas de montagem**: Ideal para criar montagens com várias peças.

o **Módulos de fabrico aditivo**: Ferramentas especificamente concebidas para a impressão 3D.

4. Liquidificador

- **Descrição**: O Blender é um software de modelação 3D gratuito e de código aberto conhecido pela sua versatilidade, especialmente em animação e escultura.
- **Caraterísticas**:

o **Modelação avançada**: Suporta modelação e escultura orgânica altamente detalhada.

o **Animação**: Poderosas ferramentas de animação e manipulação.

o **Suporta a impressão 3D**: Tem complementos e funcionalidades para preparar modelos para impressão 3D.

6.3 Software de corte

Quando um modelo 3D está pronto, o software de corte é utilizado para **converter o modelo digital num conjunto de instruções (código G)** que a impressora 3D pode seguir. Estas instruções controlam a forma como a impressora coloca cada camada, incluindo parâmetros como a velocidade, a temperatura e a densidade de enchimento.

1. Cura

- **Descrição**: O Cura é um software de corte popular e de código aberto desenvolvido pela Ultimaker. É compatível com uma vasta gama de impressoras 3D.
- **Caraterísticas**:

o Fácil **de utilizar**: fácil para principiantes, mas oferece definições avançadas para profissionais.

o **Personalização**: Permite o controlo detalhado de definições como a altura da camada, a velocidade de impressão e as estruturas de suporte.

o **Integração**: Funciona na perfeição com a maioria das impressoras FDM.

2. **PrusaSlicer**

- **Descrição**: O PrusaSlicer é um software de corte concebido para ser utilizado com as impressoras 3D Prusa, embora também seja compatível com outras impressoras.
- **Caraterísticas**:

o **Suporte multimaterial**: Lida com impressões multimateriais.

o **Perfis de utilizador**: Perfis optimizados para diferentes materiais e impressoras.

o **Funcionalidades avançadas**: Permite uma altura de camada variável e outras definições complexas.

3. **Simplificar3D**

- **Descrição**: Um software de corte de nível profissional conhecido pelas suas caraterísticas altamente personalizáveis e pela capacidade de afinar as definições de impressão.
- **Caraterísticas**:

o **Controlo detalhado**: Oferece mais controlo sobre as definições de impressão individuais do que a maioria dos cortadores.

o **Geração de suporte**: Ferramentas avançadas para criar e modificar estruturas de suporte.

o **Ferramentas de otimização**: Centradas na melhoria da qualidade e eficiência da impressão.

6.4 Como otimizar os desenhos para impressão 3D

A otimização de um modelo 3D para impressão envolve a preparação do modelo para garantir que é impresso com precisão, eficiência e com o mínimo de desperdício de material. As principais técnicas de otimização incluem:

- **Minimizar saliências**: Os desenhos com grandes saliências requerem suportes, que podem desperdiçar material e aumentar o tempo de impressão. Reduzir as saliências ou reorientar a peça pode ajudar.

- **Definições de enchimento**: O ajuste da densidade do enchimento pode reduzir a utilização de material e o tempo de impressão. Para peças estruturais, são necessárias percentagens de enchimento mais elevadas, enquanto as peças estéticas podem utilizar um enchimento mais baixo.
- **Espessura da parede**: Garantir que as paredes não são nem demasiado finas nem demasiado grossas é crucial para a resistência e capacidade de impressão. Normalmente, a espessura da parede deve ser um múltiplo do diâmetro do bocal da impressora.
- **Estruturas de suporte**: Adicionar ou modificar estruturas de suporte quando necessário para evitar que as peças colapsem durante a impressão, especialmente no caso de desenhos complexos.
- **Orientação**: A orientação correta do modelo na placa de construção pode reduzir o tempo de impressão e melhorar a aderência das camadas. A impressão vertical demora geralmente mais tempo, mas pode resultar num acabamento mais suave.

6.5 Formatos de ficheiros utilizados na impressão 3D

Para imprimir um modelo 3D, o desenho deve ser guardado num formato de ficheiro compatível. Os formatos de ficheiro mais utilizados na impressão 3D incluem:

1. STL (Standard Tessellation Language)

- **Descrição**: O STL é o formato de ficheiro mais comum utilizado na impressão 3D. Representa a geometria da superfície de um objeto 3D como uma malha de triângulos.
- **Vantagens**: Amplamente suportado pela maioria dos softwares e máquinas de impressão 3D.
- **Limitações**: Não armazena informações de cor, textura ou material, apenas a geometria.

2. OBJ (Ficheiro de Objectos)

- **Descrição**: O OBJ é outro formato amplamente utilizado que suporta geometria 3D, bem como informações de cor e textura, tornando-o adequado para modelos mais detalhados.
- **Vantagens**: Suporta propriedades de cor e material, tornando-o ideal para impressões mais complexas.
- **Limitações**: Tamanho de ficheiro maior e menos eficiente do que o STL para impressões simples.

3. AMF (Additive Manufacturing File Format)

- **Descrição**: O AMF é um formato mais recente concebido especificamente para a impressão 3D. Alarga a funcionalidade do STL ao incluir informações adicionais como cor, material e estruturas de treliça.
- **Vantagens**: Mais completo do que o STL, suporta múltiplos materiais e cores.
- **Limitações**: Menos suportado do que o STL.

CAPÍTULO 7: Aplicações da impressão 3D

A impressão 3D transformou vários sectores ao permitir um design inovador, prototipagem rápida e produção personalizada. A sua versatilidade conduziu a aplicações generalizadas em vários domínios, desde as utilizações industriais à arte e à educação. Segue-se uma visão geral das aplicações significativas da impressão 3D.

7.1 Aplicações industriais

A impressão 3D tem feito incursões significativas em vários sectores industriais, permitindo às empresas criar peças complexas de forma rápida e económica.

1. Aeroespacial

- **Descrição geral**: A indústria aeroespacial adoptou a impressão 3D para fabricar componentes leves e complexos que melhoram a eficiência do combustível e reduzem os custos.
- **Aplicações**:
  - **Fabrico de peças**: Produção de peças como suportes, condutas e componentes de motores.
  - **Prototipagem rápida**: Rápida iteração de conceitos de design para testar a forma e o ajuste antes da produção em massa.
  - **Ferramentas personalizadas**: Criação de ferramentas especializadas que podem ser adaptadas a necessidades específicas, reduzindo o tempo de execução.

2. Automóvel

- **Descrição geral**: A indústria automóvel utiliza a impressão 3D para a criação de protótipos, ferramentas e até para a produção de peças finais.
- **Aplicações**:
  - **Prototipagem**: Conceber e testar protótipos para otimizar o desempenho e a conceção antes do fabrico em grande escala.

o **Peças de produção**: Algumas empresas do sector automóvel estão a utilizar a impressão 3D para fabricar diretamente peças como painéis de instrumentos e saídas de ar.

o **Personalização**: Adaptação de componentes para satisfazer exigências específicas dos consumidores, tais como ajuste ou design personalizados.

3. Cuidados de saúde

- **Descrição geral**: A impressão 3D nos cuidados de saúde permite a medicina personalizada e a criação de dispositivos médicos complexos.
- **Aplicações**:

o **Guias cirúrgicos**: Guias personalizadas para cirurgiões para aumentar a precisão durante as operações.

o **Modelos anatómicos**: Modelos específicos do doente criados a partir de dados de imagiologia para melhorar o planeamento pré-operatório.

4. Construção

- **Descrição geral**: A impressão 3D está a revolucionar a construção, permitindo a criação de componentes de construção e até de estruturas inteiras.
- **Aplicações**:

o **Casas impressas em 3D**: Utilização de impressoras em grande escala para criar casas inteiras a partir de betão e outros materiais, reduzindo a mão de obra e o tempo de construção.

o **Elementos estruturais**: Componentes personalizados para projectos de arquitetura que podem ser difíceis ou dispendiosos de produzir utilizando métodos tradicionais.

5. Bens de consumo

- **Visão geral**: O sector dos bens de consumo está a tirar partido da impressão 3D para a conceção e personalização de produtos.

- **Aplicações**:

o **Prototipagem de produtos**: Testar rapidamente produtos de consumo para obter feedback antes da produção final.

o **Produtos personalizados**: Oferecer opções de personalização para artigos como capas de telemóvel, óculos e brinquedos para satisfazer as preferências individuais.

7.2 Aplicações médicas

A impressão 3D teve um impacto particular no domínio da medicina, permitindo a criação de soluções personalizadas para os doentes.

1. Próteses

- **Visão geral**: Os membros protéticos personalizados podem ser concebidos e fabricados de forma rápida e económica utilizando a tecnologia de impressão 3D.
- **Benefícios**:

o **Personalização**: Cada prótese pode ser adaptada para se ajustar à anatomia específica do utilizador, melhorando o conforto e a função.

o **Custo-eficácia**: As próteses impressas em 3D são frequentemente menos dispendiosas do que as opções fabricadas tradicionalmente.

2. Implantes

- **Descrição geral**: A impressão 3D permite a produção de implantes específicos para cada doente que melhoram a compatibilidade e a integração com o corpo.
- **Aplicações**:

o **Implantes dentários**: Implantes personalizados concebidos para se adaptarem a estruturas dentárias individuais.

o **Implantes ortopédicos**: Implantes personalizados para substituição de articulações que se adaptam à anatomia do doente.

3. **Engenharia de tecidos**

- **Visão geral**: Os investigadores estão a explorar a impressão 3D para criar suportes para a regeneração e reparação de tecidos.
- **Aplicações**:

o **Tecidos bio-impressos**: Utilização de materiais biocompatíveis e células vivas para criar tecidos que podem integrar-se no corpo.

o **Modelos de órgãos**: Criação de modelos de órgãos para testes de drogas e investigação.

4. **Dispositivos médicos personalizados**

- **Visão geral**: A impressão 3D permite a criação de dispositivos médicos especializados adaptados a cada paciente.
- **Exemplos**:

o **Aparelhos auditivos**: Dispositivos adaptados à medida para melhorar o conforto e o desempenho dos utilizadores.

o **Instrumentos cirúrgicos**: Ferramentas especializadas concebidas para procedimentos cirúrgicos específicos.

7.3 Moda e arte

A impressão 3D está a transformar as indústrias da moda e da arte, permitindo novas formas de criatividade e personalização.

1. **Joalharia personalizada**

- **Descrição geral**: Os joalheiros estão a utilizar a impressão 3D para criar designs únicos e complexos que são difíceis de obter através dos métodos tradicionais.
- **Aplicações**:

o **Personalização**: As peças personalizadas podem ser concebidas para refletir o estilo único e as preferências do utilizador.

o **Prototipagem rápida**: Os designers podem criar rapidamente protótipos de peças de joalharia antes de se comprometerem com a produção.

2. Vestuário

- **Visão geral**: A impressão 3D está a ser explorada para criar vestuário e acessórios que oferecem personalização e designs inovadores.
- **Aplicações**:
  - **Ajuste personalizado**: Peças de vestuário concebidas para se adaptarem às medidas exactas de um indivíduo, aumentando o conforto e o estilo.
  - **Têxteis inovadores**: Desenvolvimento de materiais flexíveis que imitam as caraterísticas dos tecidos tradicionais.

3. Esculturas artísticas

- **Descrição geral**: Os artistas estão a utilizar a impressão 3D para criar esculturas e instalações que ultrapassam os limites das formas de arte tradicionais.
- **Aplicações**:
  - **Geometrias complexas**: A impressão 3D permite desenhos complexos que são difíceis de esculpir à mão.
  - **Experimentação**: Os artistas podem criar e repetir rapidamente as suas ideias, explorando novas formas e materiais.

7.4 Ensino e investigação

A impressão 3D está a ser cada vez mais integrada em ambientes educativos e instituições de investigação, facilitando a aprendizagem prática e a inovação.

1. Impressão 3D nas salas de aula

- **Descrição geral**: As instituições de ensino estão a incorporar a impressão 3D nos seus currículos para melhorar as experiências de aprendizagem.
- **Aplicações**:
  - **Educação STEM**: Os alunos podem conceber e imprimir modelos para visualizar conceitos complexos em ciência, tecnologia, engenharia e

matemática.

o **Projectos de prototipagem**: A experiência prática na criação de protótipos fomenta a criatividade e a capacidade de resolução de problemas.

2. **Laboratórios e instalações de investigação**

- **Visão geral**: As instituições de investigação estão a tirar partido da impressão 3D para desenvolver novos materiais e processos.
- **Aplicações**:

o **Ciência dos materiais**: Testar e desenvolver novos materiais com propriedades únicas.

o **Desenvolvimento de protótipos**: Prototipagem rápida de concepções e conceitos experimentais.

7.5 Casa e bricolage

A impressão 3D permite que os indivíduos realizem projectos de bricolage, permitindo a personalização e a criatividade diárias.

1. **Personalização diária**

- **Descrição geral**: Os consumidores podem criar artigos personalizados para uso pessoal em casa.
- **Aplicações**:

o **Decoração de casa**: Decorações personalizadas e objectos funcionais, como luminárias ou vasos de plantas personalizados.

o **Acessórios**: Capas de telemóvel personalizadas, porta-chaves e outros artigos pessoais.

2. **Peças de reparação e substituição**

- **Descrição geral**: A impressão 3D pode ser utilizada para criar peças de substituição para artigos domésticos e electrodomésticos.
- **Aplicações**:

o **Prototipagem de peças de substituição**: Imprimir facilmente peças que são difíceis de encontrar ou que já não são fabricadas.

o **Reparações "faça você mesmo"**: Facilitar as reparações, permitindo aos utilizadores imprimir componentes partidos.

3. Passatempos

- **Descrição geral**: Os entusiastas podem utilizar a impressão 3D para criar modelos e ferramentas personalizados para os seus passatempos.
- **Aplicações**:

o **Construção de modelos**: Criação de modelos à escala para comboios, aviões ou projectos de fantasia.

o **Ferramentas de artesanato**: Conceber e imprimir ferramentas adaptadas a técnicas de fabrico específicas.

CAPÍTULO 8: Tendências futuras da impressão 3D

O futuro da impressão 3D reserva avanços e possibilidades interessantes que prometem alargar as suas aplicações, melhorar a eficiência e contribuir positivamente para a sustentabilidade ambiental. As principais tendências neste domínio incluem o aparecimento da impressão 4D, a integração com a inteligência artificial, o desenvolvimento da impressão 3D a cores e multimaterial, a ênfase em materiais ecológicos e potenciais perturbações no fabrico tradicional e nas cadeias de abastecimento globais. Eis um olhar abrangente sobre estas tendências emergentes e sobre a forma como poderão moldar o futuro do fabrico de aditivos.

8.1 Tecnologias emergentes: Impressão 4D e Integração AII

1. Impressão 4D

a. **Descrição geral**: A impressão 4D baseia-se na impressão 3D, incorporando materiais que podem mudar de forma ou de propriedades ao longo do tempo ou em resposta a factores ambientais (como a temperatura, a luz ou a humidade).

b. **Como funciona**: Utilizando materiais inteligentes, muitas vezes polímeros ou compósitos, um objeto impresso pode reagir a estímulos externos, transformando-se depois de impresso. Por exemplo, uma folha plana pode dobrar-se numa forma específica quando exposta ao calor.

c. **Aplicações**:

i. **Cuidados de saúde**: Implantes e dispositivos médicos auto-ajustáveis que mudam de forma para se adaptarem melhor ao corpo do doente.

ii. **Aeroespacial**: Componentes que se adaptam a condições variáveis, como estruturas de auto-montagem ou superfícies auto-curativas.

iii. **Construção**: Materiais que se expandem ou contraem para uma melhor eficiência energética nos edifícios.

d. **Impacto**: Prevê-se que a impressão 4D acrescente funcionalidade e versatilidade aos objectos impressos em 3D, especialmente em domínios em que a adaptabilidade e a capacidade de resposta são cruciais.

2. **Integração da IA na impressão 3D**

a. **Descrição geral**: A inteligência artificial (IA) está a desempenhar um papel cada vez mais importante na otimização dos processos de impressão 3D, desde a conceção à produção.

b. **Capacidades**:

i. **Design generativo**: Os algoritmos de IA podem criar designs optimizados que reduzem a utilização de materiais, melhoram a resistência e alcançam geometrias complexas que podem ser difíceis de conceber manualmente.

ii. **Otimização do processo**: Os modelos de aprendizagem automática analisam dados de impressões anteriores para prever potenciais problemas, melhorar a precisão e reduzir o desperdício.

iii. **Controlo de qualidade**: A IA pode detetar defeitos ou inconsistências em tempo real durante a impressão, melhorando a fiabilidade e reduzindo o retrabalho.

c. **Impacto**: Ao combinar a IA e a impressão 3D, os fabricantes podem obter tempos de produção mais rápidos, resultados de maior qualidade e possibilidades de design mais inovadoras.

8.2 Impressão 3D a cores e multi-material

1. **Impressão a cores**

a. **Descrição geral**: A impressão 3D a cores permite imprimir objectos com detalhes de cor intrincados diretamente, sem necessidade de pós-processamento ou pintura.

b. **Tecnologia**: Algumas impressoras 3D avançadas podem misturar tintas ou materiais coloridos durante o processo de impressão, permitindo gradientes e pormenores de cor precisos.

c. **Aplicações**:

i. **Bens de consumo**: Personalização de produtos como capas de telemóvel, brinquedos e artigos de moda com cores vibrantes e desenhos complexos.

ii. **Modelos médicos**: Produção de modelos anatómicos a cores que ajudam no planeamento cirúrgico e na educação dos doentes.

iii. **Arquitetura**: Criação de modelos à escala com esquemas de cores e detalhes precisos para uma melhor visualização.

d. **Impacto**: A impressão a cores expande as possibilidades criativas, aumenta o atrativo do produto e tem o potencial de reduzir significativamente o tempo e o custo do pós-processamento.

2. Impressão multi-material

a. **Descrição geral**: A impressão multimaterial permite que um único trabalho de impressão incorpore diferentes materiais, cada um com propriedades únicas.

b. **Tecnologia**: As impressoras equipadas com múltiplas extrusoras ou capacidades de mistura podem utilizar diferentes materiais no mesmo objeto, como a combinação de materiais rígidos e flexíveis.

c. **Aplicações**:

i. **Próteses**: Impressão de membros protésicos com zonas macias e flexíveis para conforto e zonas duras para apoio.

ii. **Eletrónica**: Integração de materiais condutores diretamente em objectos impressos em 3D para criar circuitos ou sensores incorporados.

iii. **Calçado**: Fabrico de calçado com diferentes densidades e texturas, combinando conforto, apoio e durabilidade num só design.

d. **Impacto**: A impressão 3D multimaterial expande as capacidades funcionais, facilitando a produção de artigos que combinam várias propriedades de materiais, acabando por abrir novas aplicações em vários sectores.

8.3 Sustentabilidade: Materiais recicláveis e ecológicos

1. Materiais recicláveis

a. **Descrição geral**: Há uma tendência crescente para a utilização de materiais recicláveis na impressão 3D para reduzir o impacto ambiental e apoiar uma economia circular.

b. **Exemplos**:

i. **Plásticos reciclados**: O PLA e o PETG derivados de resíduos plásticos pós-consumo podem ser reciclados várias vezes.

ii. **Materiais biodegradáveis**: O PLA, feito de amido de milho, é uma opção biodegradável popular que se decompõe em condições de compostagem industrial .

c. **Impacto**: Os materiais recicláveis na impressão 3D apoiam a sustentabilidade ambiental, reduzindo os resíduos dos aterros e oferecendo alternativas aos plásticos derivados do petróleo.

2. Materiais amigos do ambiente

a. **Visão geral**: As inovações em materiais de base biológica e sustentáveis estão a reduzir a pegada ecológica da impressão 3D.

b. **Exemplos**:

i. **Bio-polímeros**: O PLA, um polímero biodegradável fabricado a partir de recursos renováveis, é normalmente utilizado em aplicações ecológicas.

ii. **Filamentos à base de algas e de fibras de madeira**: Estes materiais oferecem alternativas ao plástico convencional, proporcionando propriedades mecânicas semelhantes, mas com um impacto ambiental reduzido.

c. **Impacto**: À medida que as empresas procuram práticas de fabrico sustentáveis, os materiais ecológicos na impressão 3D estão a tornar-se mais populares, promovendo uma abordagem mais ecológica à produção.

8.4 Impacto nas cadeias de abastecimento e na produção tradicional

1. Perturbação das cadeias de abastecimento tradicionais

a. **Visão geral**: A impressão 3D permite a produção localizada e a pedido, o que pode reduzir a dependência de cadeias de fornecimento globais.

b. **Benefícios**:

i. **Redução dos custos de transporte**: Com os produtos fabricados mais perto dos locais de utilização final, o transporte e os custos associados podem ser significativamente reduzidos.

ii. **Menores requisitos de inventário**: A produção a pedido significa que as empresas podem reduzir os stocks e fabricar apenas quando necessário, libertando espaço de armazenamento e capital.

c. **Impacto**: Ao descentralizar a produção, a impressão 3D permite cadeias de abastecimento mais ágeis e resilientes, menos susceptíveis a perturbações globais.

2. Transformar a produção tradicional

a. **Visão geral**: A impressão 3D está a mudar a economia do fabrico ao reduzir o tempo, a mão de obra e o desperdício de material.

b. **Benefícios**:

i. **Produção sem ferramentas**: O fabrico tradicional depende de moldes e ferramentas, que a impressão 3D elimina, poupando tempo e custos.

ii. **Redução do desperdício**: A impressão 3D é um processo aditivo, o que significa que apenas é utilizado o material necessário, ao contrário do fabrico subtrativo, em que o material é removido, o que leva ao desperdício.

c. **Impacto**: Com a impressão 3D, os fabricantes podem produzir peças complexas rapidamente e com menos desperdício, transformando os processos de fabrico tradicionais e tornando a personalização e a produção de baixo volume mais viáveis.

Tabela 10.1: Matriz de aplicações

Industry	**Application**	**Benefits**	**Notable Companies**
Aerospace	Lightweight structural components	Fuel efficiency, custom designs	Airbus, Boeing, NASA
Automotive	Custom tooling, complex part production	Reduced weight, faster prototyping	Ford, BMW, General Motors
Healthcare	Custom prosthetics, implants	Personalized medicine, lower costs	Stryker, Organovo, Materialise
Construction	3D-printed buildings, architectural models	Lower labor costs, rapid prototyping	ICON, Apis CoR

8.5 Bioimpressão 3D: O futuro dos cuidados de saúde

A bioimpressão 3D é uma das aplicações mais revolucionárias do fabrico de aditivos, combinando a ciência biológica com tecnologia de ponta para criar estruturas complexas, semelhantes a tecidos, para utilização médica. Ao contrário da impressão 3D tradicional, que utiliza plásticos, metais ou outros materiais não biológicos, a bioimpressão emprega células, biomateriais e biotintas para produzir estruturas vivas. Estes avanços têm um potencial transformador para os cuidados de saúde, desde transplantes de órgãos a testes de medicamentos e próteses. No entanto, para além da sua excitante promessa, a bioimpressão apresenta desafios éticos e técnicos únicos.

CAPÍTULO 9: Desafios e limitações da impressão 3D

Embora a impressão 3D tenha trazido inovação ao fabrico, à medicina e ao design, existem ainda limitações e desafios significativos associados à tecnologia. Estes desafios incluem custos elevados, problemas com a qualidade de impressão e escolhas de materiais, barreiras técnicas, preocupações com a propriedade intelectual e impactos ambientais. Compreender estas limitações é crucial para identificar áreas de melhoria à medida que a impressão 3D continua a evoluir.

9.1 Limitações de custo, qualidade de impressão e material

1. Custo

a. **Máquinas**: As impressoras 3D de alta qualidade, especialmente as que são capazes de lidar com materiais avançados (como metais ou cerâmica), ainda são muito caras. As impressoras 3D de nível industrial podem custar centenas de milhares de dólares, tornando-as inacessíveis a pequenas empresas ou consumidores individuais.

b. **Materiais**: O custo dos materiais, especialmente resinas especializadas ou pós metálicos, é frequentemente elevado em comparação com os materiais de fabrico tradicionais. Embora o custo dos polímeros básicos, como o PLA ou o ABS, seja razoável, os materiais avançados para aplicações de elevado stress (por exemplo, aeroespacial ou médica) podem ser proibitivamente caros.

c. **Despesas de manutenção e funcionamento**: A manutenção regular, a calibração e a substituição ocasional de peças são necessárias para manter as impressoras nas melhores condições, aumentando os custos globais. Além disso, algumas impressoras consomem muita energia, o que pode aumentar as despesas operacionais.

2. Qualidade de impressão

a. **Precisão e resolução**: Nem todas as impressoras 3D oferecem alta resolução, o que significa que pode haver linhas de camada visíveis ou acabamentos ásperos. Isto é especialmente verdade para as impressoras de baixo custo. Certas aplicações, como componentes de precisão na indústria aeroespacial ou implantes médicos, requerem uma qualidade extremamente elevada que algumas impressoras 3D não conseguem fornecer de forma consistente.

b. **Acabamento da superfície**: Conseguir um acabamento suave é um desafio sem processamento pós , uma vez que os objectos impressos em 3D têm frequentemente camadas ou texturas visíveis. O pós-processamento, como o lixamento, o polimento ou os tratamentos químicos, pode ser necessário para melhorar o acabamento da superfície, mas acrescenta tempo e custos.

c. **Resistência e durabilidade**: As peças impressas em 3D, particularmente as feitas de polímeros, podem ser propensas a fraquezas ao longo das linhas das camadas. As peças que são submetidas a um stress mecânico significativo podem não ter a durabilidade necessária devido às limitações na adesão das camadas, especialmente nas peças impressas por FDM.

3. Limitações materiais

a. **Variedade limitada de materiais**: Embora a gama de materiais disponíveis para a impressão 3D se tenha expandido, ainda não corresponde à versatilidade dos materiais disponíveis para o fabrico tradicional. Certas ligas de alta resistência, compósitos ou materiais biocompatíveis ainda estão a ser desenvolvidos ou só estão disponíveis a custos elevados.

b. **Propriedades específicas do material**: Nem todos os materiais utilizados na impressão 3D podem corresponder às propriedades específicas necessárias para algumas aplicações, como a resistência ao calor, a flexibilidade ou a condutividade. Isto limita a utilização da impressão 3D em indústrias como a automóvel ou a aeroespacial, onde o desempenho preciso do material é crucial.

9.2 Barreiras técnicas: Velocidade, tamanho, adesão da camada

1. Velocidade

a. **Tempos de produção lentos**: A impressão 3D é inerentemente um processo camada a camada, o que significa que a produção de peças, especialmente as maiores ou complexas, pode demorar muito tempo em comparação com os métodos tradicionais. Mesmo as peças mais pequenas podem necessitar de horas para serem impressas.

b. **Impacto no fabrico de grandes volumes**: Uma vez que a impressão 3D é geralmente mais lenta do que os métodos de fabrico convencionais, é atualmente impraticável para a produção de grandes volumes. Os métodos tradicionais, como a moldagem por injeção, podem produzir centenas ou milhares de peças no tempo que uma impressora 3D demora a criar um único artigo.

2. Limitações de tamanho

a. **Volume de construção da impressora**: A maioria das impressoras 3D tem restrições de tamanho, limitando as dimensões dos objectos que podem ser impressos numa única peça. Embora existam impressoras maiores capazes de imprimir estruturas de tamanho considerável, como elementos de construção, elas continuam a ser raras e caras.

b. **Desafios de montagem de objectos grandes**: A impressão de peças de grandes dimensões implica frequentemente a impressão de secções mais pequenas e a sua posterior montagem, o que pode originar pontos fracos e trabalho adicional no pós-processamento.

3. Adesão e fragilidade da camada

a. **Problemas de ligação de camadas**: Em muitos processos de impressão 3D, particularmente no FDM, as peças são formadas pela fusão de camadas de material umas sobre as outras. A ligação entre estas camadas pode ser um ponto fraco, tornando os objectos impressos menos duráveis e propensos a quebrar ao longo das linhas das camadas sob tensão.

b. **Limitações em determinadas aplicações**: Devido a problemas com a adesão das camadas, as peças impressas em 3D são, por vezes, inadequadas para aplicações de alta tensão ou de suporte de carga, especialmente as produzidas com termoplásticos. Esta limitação restringe a utilização da impressão 3D em indústrias que requerem peças com propriedades mecânicas superiores, como a automóvel ou a aeroespacial.

9.3 Propriedade intelectual e questões jurídicas

1. Preocupações com a propriedade intelectual

a. **Partilha de ficheiros e contrafação**: A impressão 3D permite a partilha fácil de ficheiros de design, o que pode levar à contrafação ou à reprodução não autorizada de itens patenteados. A distribuição de ficheiros digitais para objectos impressos em 3D cria desafios legais, uma vez que as pessoas podem replicar desenhos sem a autorização do proprietário.

b. **Dificuldade em fazer cumprir os direitos de propriedade intelectual**: A proteção da propriedade intelectual na impressão 3D é complexa. As leis tradicionais de PI não estão totalmente adaptadas aos ficheiros de design digital, o que torna a aplicação difícil e, por vezes, ineficaz.

2. Regulamentos legais

a. **Cuidados de saúde e normas de segurança**: Em áreas como os cuidados de saúde ou a indústria automóvel, os componentes impressos em 3D têm de cumprir normas regulamentares rigorosas. O cumprimento destas normas pode ser um desafio devido a limitações de material, fraquezas estruturais ou inconsistências de produção em peças impressas em 3D.

b. **Questões de responsabilidade**: Em caso de falha de um produto ou acidente envolvendo um objeto impresso em 3D, a determinação da responsabilidade pode ser complexa. A responsabilidade pode recair sobre o projetista, o fabricante da impressora 3D ou o operador, o que dificulta a aplicação de quadros legais de responsabilização.

9.4 Impacto ambiental dos resíduos de impressão 3D

1. Resíduos de materiais

a. **Geração de resíduos**: Apesar de ser um processo aditivo, que geralmente minimiza os resíduos, a impressão 3D pode ainda produzir resíduos sob a forma de impressões falhadas, materiais de suporte e material não utilizado ou em excesso. Materiais como resinas, estruturas de suporte ou filamentos acabam frequentemente como resíduos se não forem corretamente geridos.

b. **Opções de reciclagem limitadas**: Nem todos os materiais de impressão 3D são recicláveis e alguns, em particular os fotopolímeros e as resinas, são difíceis de reciclar em segurança. A eliminação incorrecta destes materiais pode ser prejudicial para o ambiente.

2. **Consumo de energia**

a. **Elevados requisitos de energia**: Muitos processos de impressão 3D, especialmente os que envolvem sinterização de metais ou fusão a laser, consomem quantidades substanciais de energia, contribuindo para a pegada de carbono da tecnologia. Para projectos de impressão 3D em grande escala, o consumo de energia pode ser considerável.

b. **Comparação com os métodos tradicionais**: Embora a impressão 3D reduza o desperdício em termos de utilização de materiais, pode consumir mais energia do que alguns métodos de fabrico tradicionais, especialmente para a produção em grande escala.

3. **Impacto ambiental dos materiais biodegradáveis e ecológicos**

a. **Investigação em curso**: Há um esforço crescente para desenvolver materiais amigos do ambiente para a impressão 3D, tais como plásticos biodegradáveis e filamentos reciclados. No entanto, a disponibilidade e o desempenho destes materiais são atualmente limitados e, muitas vezes, têm um preço elevado.

b. **Potencial para o fabrico sustentável**: Embora existam limitações, a impressão 3D também tem potencial para a sustentabilidade. À medida que as tecnologias de reciclagem melhoram e que se tornam disponíveis materiais mais amigos do ambiente, o impacto ambiental da impressão 3D pode ser reduzido, abrindo caminho a soluções de fabrico mais ecológicas.

CONCLUSÃO

A impressão 3D, ou fabrico aditivo, surgiu como uma tecnologia revolucionária com potencial para remodelar vários sectores e transformar a forma como concebemos a produção e a inovação. A sua capacidade de criar produtos complexos e personalizados de forma rápida e acessível marca um afastamento significativo dos métodos de fabrico tradicionais, tornando-a um ator-chave no atual panorama tecnológico em rápida evolução.

1. Resumo do papel da impressão 3D na construção do futuro

Inovação no design e fabrico: A impressão 3D abriu novas possibilidades no design, permitindo a criação de geometrias complexas que anteriormente eram impossíveis ou demasiado dispendiosas de produzir. Esta capacidade está a melhorar o desenvolvimento de produtos em todos os sectores, incluindo aeroespacial, automóvel, saúde e bens de consumo. A transição da prototipagem para a produção real significa que as empresas podem colocar os produtos no mercado mais rapidamente, responder às necessidades dos consumidores de forma mais eficiente e reduzir o desperdício através de um fabrico preciso.

Sustentabilidade e eficiência de recursos: À medida que as preocupações com o impacto ambiental aumentam, a impressão 3D oferece uma alternativa mais sustentável ao fabrico tradicional. Ao utilizar os materiais de forma mais eficiente, minimizando os resíduos e permitindo a produção localizada, contribui para uma economia circular. O desenvolvimento de materiais biodegradáveis e recicláveis enfatiza ainda mais o papel da impressão 3D na promoção de práticas ecológicas.

Acessibilidade e democratização do fabrico: A impressão 3D está a democratizar o fabrico ao reduzir as barreiras à entrada de empresas em fase de arranque e de empresários individuais. Com um investimento inicial relativamente baixo, os indivíduos e as pequenas empresas podem aceder a capacidades de fabrico avançadas, promovendo a inovação e a criatividade. Esta mudança fortalece as economias locais e aumenta as oportunidades de empreendedorismo, especialmente nos países em desenvolvimento.

2. Considerações finais e implicações a longo prazo

As implicações a longo prazo da impressão 3D são profundas e multifacetadas. À medida que a tecnologia continua a avançar, podemos esperar:

- **Crescimento contínuo em diversas aplicações**: As indústrias irão integrar cada vez mais a impressão 3D nos seus processos de produção, expandindo a gama de aplicações desde produtos de consumo até ao fabrico avançado nos sectores aeroespacial e da saúde. Inovações como a bioimpressão e a impressão multimaterial conduzirão a avanços na medicina e na engenharia.
- **Mudança na dinâmica da força de trabalho**: A mudança para o fabrico de aditivos irá criar uma procura de novas competências e conhecimentos. As instituições de ensino e os programas de formação terão de se adaptar para preparar a mão de obra para funções de conceção, engenharia e operações relacionadas com a impressão 3D. À medida que os empregos tradicionais na indústria transformadora diminuem, haverá necessidade de requalificação e atualização de competências para garantir que os trabalhadores possam prosperar neste novo ambiente.
- **Desafios regulamentares e éticos**: À medida que a tecnologia de impressão 3D amadurece, também levantará questões éticas e regulamentares, particularmente no que diz respeito à propriedade intelectual, à segurança e ao potencial uso indevido (por exemplo, imprimir armas ou bens contrafeitos). Os decisores políticos terão de encontrar um equilíbrio entre a promoção da inovação e a proteção dos interesses públicos.
- **Mudanças económicas globais**: O impacto da impressão 3D nas cadeias de fornecimento globais, na dinâmica comercial e no desenvolvimento económico será significativo. À medida que o fabrico se torna mais localizado e descentralizado, os países podem sofrer alterações no poder económico e nas

oportunidades de crescimento.

Em conclusão, a impressão 3D está na vanguarda de uma revolução no fabrico, pronta a transformar economias, indústrias e sociedades. O seu potencial para promover a inovação, melhorar a sustentabilidade e democratizar o acesso ao fabrico posiciona-a como uma tecnologia crítica para o futuro. À medida que navegamos pelos desafios e oportunidades apresentados pela impressão 3D, a sua capacidade de moldar um mundo mais eficiente, inclusivo e sustentável continua a ser uma narrativa convincente para os próximos anos.

REFERÊNCIAS

1. Wohlers, T. (2001). Relatório Wohlers 2001: Rapid Prototyping & Tooling State of the Industry Annual Worldwide Progress Report. Wohlers Associates, Inc.

2. Yan, X., & Gu, P. (2003). A review of rapid prototyping technologies and systems. Computer-AidedDesign, 35(4), 307-318.

3. Kruth, J. P., Leu, M. C., & Nakagawa, T. (2003). Progress in additive manufacturing and rapid prototyping (Progressos no fabrico aditivo e na prototipagem rápida). CIRP Annals, 52(2), 525-540.

4. Levy, G. N., Schindel, R., & Kruth, J. P. (2003). Fabrico rápido e ferramentas rápidas com tecnologias de fabrico por camadas (LM), estado da arte e perspectivas futuras. CIRP Annals, 52(2), 589-609.

5. Williams, J. M., Adewunmi, A., Schek, R. M., Flanagan, C. L., Krebsbach, P. H., Feinberg, S. E., ... & Das, S. (2005). Engenharia de tecido ósseo utilizando scaffolds de policaprolactona fabricados por sinterização selectiva a laser. Biomaterials, 26(23), 4817-4827.

6. Dimitrov, D., Schreve, K., & De Beer, N. (2006). Advances in three dimensional printing - state of the art and future perspectives (Avanços na impressão tridimensional - estado da arte e perspectivas futuras). Rapid Prototyping Journal, 12(3), 136-147.

7. Hopkinson, N., Hague, R., & Dickens, P. (Eds.). (2006). Rapid manufacturing: an industrial revolution for the digital age. John Wiley & Sons.

8. Melchels, F. P., Feijen, J., & Grijpma, D. W. (2010). A review on stereolithography and its applications in biomedical engineering (Uma revisão

sobre estereolitografia e suas aplicações em engenharia biomédica). Biomaterials, 31(24), 6121-6130.

9. Berman, B. (2012). 3-D printing: Thenewindustrialrevolution. Business horizons, 55(2), 155-162.

10. Dudek, P. (2013). Tecnologia de impressão 3D FDM no fabrico de elementos compósitos. Arquivos de Metalurgia e Materiais, 58(4), 1415-1418.

11. Guo, N., & Leu, M. C. (2013). Fabrico aditivo: tecnologia, aplicações e necessidades de investigação. Frontiers of Mechanical Engineering, 8(3), 215-243.

12. Huang, S. H., Liu, P., Mokasdar, A., & Hou, L. (2013). O fabrico aditivo e o seu impacto social: uma revisão da literatura. The International Journal of Advanced Manufacturing Technology, 67(5), 1191-1203.

13. Lipson, H., & Kurman, M. (2013). Fabricated: O novo mundo da impressão 3D. John Wiley & Sons.

14. Petrick, I. J., & Simpson, T. W. (2013). 3D printing disrupts manufacturing: how economies of one create new rules of competition. Gestão da Investigação-Tecnologia, 56(6), 12-16.

15. Ventola, C. L. (2014). Aplicações médicas para impressão 3D: usos actuais e projectados. Farmácia e Terapêutica, 39(10), 704-711.

16. Zhu, W., Ma, X., Gou, M., Mei, D., Zhang, K., & Chen, S. (2016). Impressão 3D de biomateriais funcionais para engenharia de tecidos. Opinião Atual em Biotecnologia, 40, 103-112.

17. Jiang, R., Kleer, R., & Piller, F. T. (2017). Prever o futuro do fabrico de aditivos: Um estudo Delphi sobre as implicações económicas e sociais da impressão 3D para 2030. Technological Forecasting and Social Change, 117, 84-97.

18. Ligon, S. C., Liska, R., Stampfl, J., Gurr, M., & Mülhaupt, R. (2017). Polímeros para impressão 3D e manufatura aditiva personalizada. Chemical Reviews, 117(15), 10212-10290.

19. Tay, Y. W. D., Panda, B., Paul, S. C., Mohamed, N. A. N., Tan, M. J., & Leong, K. F. (2017). Tendências de impressão 3D na indústria de construção civil: uma revisão. Virtual and Physical Prototyping, 12(3), 261-276.

20. Wang, X., Jiang, M., Zhou, Z., Gou, J., & Hui, D. (2017). Impressão 3D de compósitos de matriz polimérica: Uma revisão e prospetiva. Composites Part B: Engineering, 110, 442-458.

21. Xu, X., Wang, L., Newman, S. T., Leong, J., Mohanty, S., & Huggett, J. (2017). A influência dos parâmetros do processo no diâmetro do suporte em estruturas de treliça Ti-6Al-4V impressas em 3D. Jornal Internacional de Tecnologia de Fabrico Avançada, 93(5-8), 2467-2479.

22. Ngo, T. D., Kashani, A., Imbalzano, G., Nguyen, K. T., & Hui, D. (2018). Fabricação aditiva (impressão 3D): Uma revisão de materiais, métodos, aplicações e desafios. Composites PartB: Engineering, 143, 172-196.

23. Tofail, S. A., Koumoulos, E. P., Bandyopadhyay, A., Bose, S., O'Donoghue, L., & Charitidis, C. (2018). Fabrico de aditivos: desafios científicos e tecnológicos, aceitação pelo mercado e oportunidades. Materials Today, 21(1), 22-37.

24. Goh, G. D., Yap, Y. L., Agarwala, S., & Yeong, W. Y. (2019). Progresso recente na fabricação aditiva de compósitos de polímero reforçado com fibra. Tecnologias de Materiais Avançados, 4(1), 1800271.

25. Javaid, M., & Haleem, A. (2019). Estado atual e aplicações do fabrico de aditivos em medicina dentária: Uma revisão baseada na literatura. Journal of Oral Biology and CraniofacialResearch, 9(3), 179-185.

26. Vyas, C., Bartolo, P., & Lawson, S. (2022). Bioimpressão 3D para Engenharia de Tecidos e Medicina Regenerativa. Manual de Engenharia Clínica, 981-987.

27. Markl, M., & Korner, C. (2023). Fabrico aditivo multimaterial: Ultrapassando os limites da impressão 3D. Progresso em Ciência dos Materiais, 133, 101055.

28. Zhang, Y., Kumar, P., Cheng, L., & Huang, N. (2024). Inteligência artificial no fabrico de aditivos: Current status and future perspectives. Journal of Manufacturing Systems, 70, 790-807.

29. Markl, M., & Korner, C. (2023). Fabrico aditivo multimaterial: Ultrapassando os limites da impressão 3D. Progresso em Ciência dos Materiais, 133, 101055.

30. Zhang, Y., Kumar, P., Cheng, L., & Huang, N. (2024). Inteligência artificial no fabrico de aditivos: Current status and future perspectives. Journal of Manufacturing Systems, 70, 790-807.

I want morebooks!

Buy your books fast and straightforward online - at one of world's fastest growing online book stores! Environmentally sound due to Print-on-Demand technologies.

Buy your books online at
www.morebooks.shop

Compre os seus livros mais rápido e diretamente na internet, em uma das livrarias on-line com o maior crescimento no mundo! Produção que protege o meio ambiente através das tecnologias de impressão sob demanda.

Compre os seus livros on-line em
www.morebooks.shop

info@omniscriptum.com
www.omniscriptum.com

Printed by Books on Demand GmbH, Norderstedt / Germany